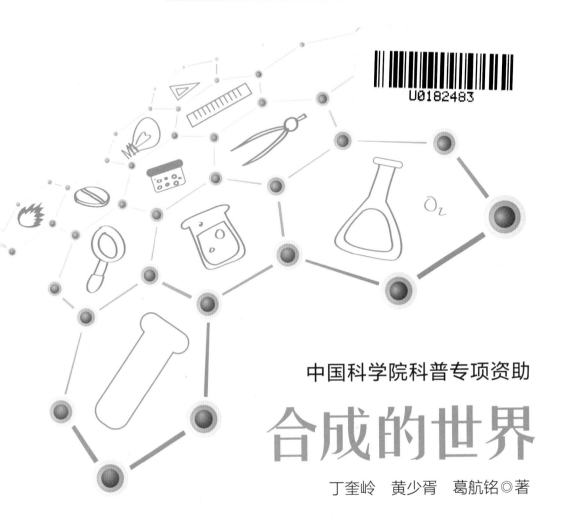

U0182483

中国科学院科普专项资助

合成的世界

丁奎岭　黄少胥　葛航铭◎著

科学普及出版社

·北　京·

图书在版编目（CIP）数据

合成的世界 / 丁奎岭 , 黄少胥 , 葛航铭著 . —北京：
科学普及出版社，2021.11
（科普中国书系 . 前沿科技）
ISBN 978-7-110-10149-0

Ⅰ.①合… Ⅱ.①丁… ②黄… ③葛… Ⅲ.①合成化
学—普及读物 Ⅳ.① O6-49

中国版本图书馆 CIP 数据核字（2020）第 173988 号

策划编辑	郑洪炜　牛　奕
责任编辑	郑洪炜
封面设计	金彩恒通
正文设计	中文天地
插图绘制	袁俏丽
责任校对	邓雪梅
责任印制	马宇晨

出　　版	科学普及出版社
发　　行	中国科学技术出版社有限公司发行部
地　　址	北京市海淀区中关村南大街 16 号
邮　　编	100081
发行电话	010-62173865
传　　真	010-62173081
网　　址	http://www.cspbooks.com.cn

开　　本	710mm×1000mm　1/16
字　　数	116 千字
印　　张	9
印　　数	1—5000 册
版　　次	2021 年 11 月第 1 版
印　　次	2021 年 11 月第 1 次印刷
印　　刷	北京盛通印刷股份有限公司
书　　号	ISBN 978-7-110-10149-0 / O·194
定　　价	58.00 元

《合成的世界》
编委会

序

　　热爱科学的小读者和大读者：你们好！很荣幸向大家推荐这本科普书——《合成的世界》，让我们一起在这里探索、领略合成世界的奥秘！

　　世界是由物质组成的，而这些具有不同功能的物质是在有规律地不断变化的，因此研究物质的合成、功能和结构是很有意义的，而合成科学担当了重要的角色。合成科学不仅可以合成世界上已有的物质，还可以创造世界上原本不存在的新物质，研究物质的功能，以满足人类的需要。科学家合成出的化学物质已经在诸多领域发挥了重要作用，如材料领域和医药领域等。如今，随着我们国家科学技术的迅猛发展，中国科学家在合成科学的世界舞台上逐渐发挥着越来越重要的作用。

　　这本书是由中国科学院上海有机化学研究所热爱科学普及工作的研究员和博士研究生共同撰写的，希望通过介绍一些合成科学小故事，激发读者对科学的兴趣，从而使读者更加崇尚科学、热爱科学，在未来，让我们一起去探索更广阔的合成科学的新天地！

中国科学院　　院士

上海交通大学　教授

中国科学院上海有机化学研究所　特聘研究员

2021 年 8 月 4 日

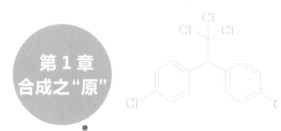

第 1 章
合成之"原"

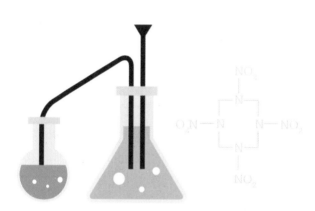

目录
CONTENTS

第 2 章
合成之苑

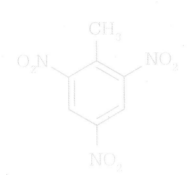

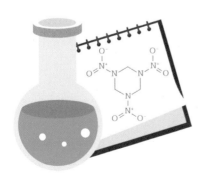

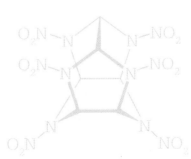

CHAPTER 1
第1章 合成之"原"

提到合成工业，不得不提到众多重要的工业原材料，这些原材料为合成化学产品的多样化奠定了基础。下面就让我们一起来看看它们的故事。

1.1 工业之母——硫酸

　　我是硫酸，不谦虚地说，我占据着合成化学的半壁江山。承蒙化学家厚爱，我被称作"工业之母"。不仔细看，你会觉得我很像普通的水，轻轻摇晃便知我像油，十分黏稠。但我可比油重，同等体积，我的重量是食用油的两倍！

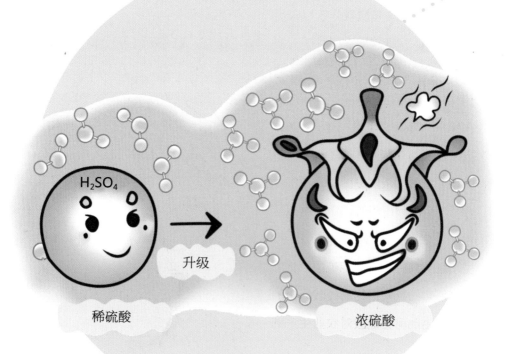

稀硫酸　　　　升级　　　　浓硫酸

硫酸

硫酸在合成化学中有着举足轻重的地位，硫酸的年产量可以被用来衡量一个国家化工水平的高低。硫酸有不同的化身，分别是稀硫酸、浓硫酸和发烟硫酸，三者的不同之处在于含水量。

由于含水量不同，合成方法、物化性质和用途均不相同。一般来说，常用的硫酸是质量分数为98%的浓硫酸，发烟硫酸是溶解了三氧化硫的硫酸。

硫酸，顾名思义，具有酸性，它是一种强酸，可以与不同的碱、盐以及活泼金属反应来合成化肥、农药以及各种金属硫酸盐。在农业方面，硫酸大量用于化肥和农药的生产，如每生产1吨过磷酸钙化肥，就要消耗360千克硫酸。化肥生产所需的硫酸量约占硫酸产量的一半，由此可见硫酸对农业生产的重要性。

浓硫酸具有吸水性，就像一个全自动除湿机，可以把单独行动的水分子纳为己有并释放出热量，所以浓硫酸也经常扮演干燥剂的角色。浓硫酸还有脱水性，能按照氢原子和氧原子2:1的比例（$H:O=2:1$，H_2O），把"藏匿"在蔗糖、纸张、棉花等中的水分子硬拖出来，因此它可以用作精炼石油的脱水剂和有机化学反应中的脱水剂。在实验室中还常用浓盐酸和浓硫酸快速制取氯化氢气体，因为浓硫酸具有吸水性，能吸收浓盐酸中的水，并放出大量的热，加速氯化氢气体的逸出，还能起到干燥氯化氢气体的作用。大家谈硫酸色变的原因就是浓硫酸能脱去人身体中的水，有很强的腐蚀性，所以使用

被浓硫酸炭化的纸（脱水性）（图片来源：https://commons.wikimedia.org/wiki/File:Sulphuric_acid_on_a_piece_of_towel.JPG）

浓硫酸时一定要做好保护措施，注意实验安全。

除此之外，浓硫酸还具有强氧化性，但是在常温下，浓硫酸并不能与铁或铝等活泼金属反应，因为硫酸会在铁或铝表面快速形成一种致密的氧化膜，从而阻止内部金属进一步与硫酸反应，这种现象叫作钝化。但是在加热时，热的浓硫酸可将很多金属甚至碳、硫、磷等非金属单质氧化，硫酸本身被还原为二氧化硫气体逸出。

讲到这里，大家的脑海中一定会冒出一个问题：人类是怎么发现硫酸的呢？这要追溯到 8 世纪，硫酸遇到了它的伯乐——贾比尔（Jabir）。贾比尔来自麦地那，是集炼金术士、药剂师、哲学家、天文学家、占星家和物理学家于一身的奇才，现在大家都称其为"阿拉伯化学之父"。贾比尔因为父亲卷

钝化

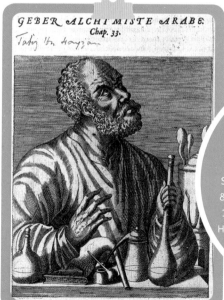

GEBER ALCHIMISTE ARABE.
Chap. 33.

Jabir Ibn Hayyan

贾比尔
（图片来源：https://commons.
wikimedia.org/w/index.php？
search=Jabir+Ibn+Hayyan&title=
Special%3ASearch&go=Go&ns0=1
&ns6=1&ns12=1&ns14=1&ns100=
1&ns106=1#/media/File:Jabir_ibn_
Hayyan_Geber，_Arabian_alchemist_
Wellcome_L0005558.jpg）

入政治斗争而被迫离开伊朗，向阿拉伯逃亡。受父亲的影响，贾比尔对化学充满了浓厚的兴趣。许多现代实验的基础化学仪器，比如蒸馏装置，其雏形都是贾比尔发明的，他因此受到国王的青睐。

有一天，贾比尔将一种绿色矿石用大火加强热，发现有蒸气产生，他把气体导入水中，发现水慢慢地变为无色油状液体。硫酸就这样诞生了。这种绿色的矿石叫作绿矾，主要成分是硫酸亚铁，在加强热的条件下发生了如下的化学反应：$2FeSO_4 \xlongequal{\triangle} Fe_2O_3+SO_2+SO_3$，生成的三氧化硫（$SO_3$）与水反应生成了硫酸：$SO_3+H_2O \xlongequal{} H_2SO_4$。于是，硫酸就被这位聪慧的化学天才通过干馏的方法从绿色石头中释放出来，然后拥有了自己的乳名——绿矾油。

绿矾——$FeSO_4 \cdot 7H_2O$
（图片来源：https://
commons.wikimedia.org/wiki/
File:Ferrous_sulfate.jpg）

发现了硫酸之后，贾比尔继续进行实验研究，他尝试将不同的金属盐与硫酸一起加热煮沸，结果从硫酸出发，发现了一系列强酸。比如，将食盐（氯化钠）与硫酸一起煮沸，得到的蒸气溶解在水中便得到了盐酸（$NaCl + H_2SO_4 \Longrightarrow NaHSO_4 + HCl$）；将硝石（硝酸钾）与硫酸一起煮沸，得到的蒸气溶解在水中便得到了硝酸（$H_2SO_4 + 2KNO_3 \Longrightarrow K_2SO_4 + 2HNO_3$）。并且他还发现，将浓盐酸和浓硝酸混合起来可得到一种酸性和氧化性极强的酸，是少数可以溶解惰性金属（如黄金）的物质，被人们称为"王水"（将浓盐酸和浓硝酸按体积比3∶1混合制成）。贾比尔著作中记录的"煮沸的葡萄酒释放可燃的蒸气"，为乙醇的发现铺平了道路，就连柠檬酸和酒石酸的发现也都有他的功劳。

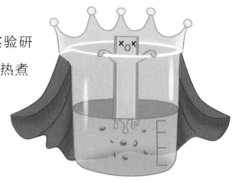

黄金被王水溶解

接下来让我们跟着硫酸的脚步，到合成化学的前沿去看看它的身影吧！

在有机合成工业中，硫酸被用于各种磺化反应和硝化反应，也可以被用来生产醚、酯、有机酸。硫酸还被广泛应用在冶金工业、国防工业、石油工业、医药工业、机械加工工业中。

约翰·鲁道夫·格劳伯
（图片来源：https://commons.wikimedia.org/wiki/File:Glauber.png）

　　起初硫酸的需求量很小，它通常被用于制备硝酸和盐酸。那时，人们将硫黄放在钟形陶器里面燃烧，生成的二氧化硫气体用水吸收生成亚硫酸，之后再氧化成硫酸。但是这种方法产量很小，在工业应用方面有很大的局限性，无法满足硫酸在工业中的使用量，因此许多化学家为了硫酸的大规模生产绞尽脑汁，力求创造新的合成工艺。由此，化学工业步入了硫酸的时代。硫酸的工业制法历经硝化法→铅室法→塔式法的演变，最终形成了现在比较成熟的接触法。

　　17 世纪，欧洲化学家约翰·鲁道夫·格劳伯（J. R. Glauber）发现硫黄和硝石在水蒸气的存在下加热时可以产生硫酸（$S+O_2+KNO_3 \Longrightarrow SO_3+KNO_2$，$SO_3+H_2O \Longrightarrow H_2SO_4$）。18 世纪 30 年代末，英国人约书亚·瓦德（J. Ward）将这一方法应用于工业生产中，第一次实现了硫酸的大量生产。这就是硫酸最早的生产工艺——硝化法。

约书亚·瓦德
（图片来源：https://commons.wikimedia.org/wiki/File:Joshua_Ward.jpg）

　　当时虽然硫酸的产量有所提高，但是生产硫酸的容器是易碎且昂贵的广口玻璃缸，难以安全地储存和运输硫酸。1746 年，英国发明家约翰·亚瑟·罗布克（J. A. Roebuck）想到金属铅不怕硫酸，且价格低廉，可以用铅来做容器，大规模生产硫酸。于是他在伯明翰建成了一座铅室，经过不断尝试，该铅室一次可以生产约 45 千克甚至更多的硫酸，是使用玻璃容器产量的几十倍，铅室法制备硫酸就此诞生。不久后，他在苏格兰爱丁堡附近建了世界上第一座采用铅室法生产硫酸的工厂。18 世纪末，这座苏格兰工厂已经有 100 座容积为 3000 多升的铅室了。

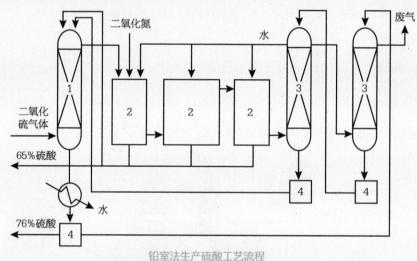

铅室法生产硫酸工艺流程
1.脱硝塔 2.铅室 3.吸硝塔 4.酸槽

　　硫酸的产量虽然因铅室法的发明而得到较大的提升，但随着硫黄原料供应的日益紧张、硫酸需求的不断增加，工厂开始寻找新的原料。硫铁矿（FeS_2）便由此登场。虽然硫铁矿价格稍贵于硫黄，但是它不仅可用于生产硫酸，还能冶炼金属铁。从 19 世纪 30 年代起，英、德等国相继改用硫铁矿作为原料生产硫酸。新的原料必然导致旧的设备的淘汰，通过对工艺的改造，以填充塔代替铅室的多种塔式法装置终于问世。原本笨拙的铅室被改造成了高塔，每一个塔发挥着自己的作用，塔式法将硫酸的生产效率提高了一个台阶。

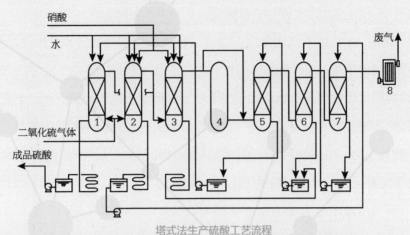

硝酸
水
废气
二氧化硫气体
成品硫酸

塔式法生产硫酸工艺流程
1.脱硝塔 2、3.成酸塔 4.氧化塔 5、6、7.吸硝塔 8.静电除雾器

采用塔式法制得的硫酸纯度为70%~80%，同时还混有多种杂质。在染料、化纤、有机合成和石油化工等行业对浓硫酸和发烟硫酸的需求量迅速增加的同时，许多工业部门对硫酸产品的纯度也提出了更高的要求，这使得硫酸工艺进一步优化。化学家猜想：冶炼硫铁矿时产生大量的二氧化硫，能否由此出发，经过一步氧化反应，直接得到三氧化硫，再与水反应制备纯净的硫酸呢？这一步让化学家心力交瘁了几十年的氧化反应，正是接触法制备硫酸的重要环节。

1831 年，英国卖醋的商人百富勤·菲利普斯（P. Phillips）申请了一项合成硫酸的专利。将二氧化硫气体和空气一起通入含有金属铂颗粒的加热管，二氧化硫转化为三氧化硫后，被水吸收形成浓硫酸，这便是接触法的雏形。得益于此，化学家将冶炼硫铁矿和生产硫酸有机结合了起来。1875 年，在德国弗莱堡率先建立了使用接触法生产硫酸的工厂，接触法生产硫酸的产量迅速增长。

但是铂催化剂价格昂贵，容易受杂质气体干扰而丧失催化活性（学术上称为催化剂"中毒"）。为此，早期的接触法装置，无论采用硫铁矿还是硫黄作为原料，都必须对二氧化硫气体预先进行充分的净化，以除去各种杂质，不仅工序烦琐，而且成本较高。

在第一次世界大战爆发后，欧美国家竞相采用接触法大量生产硫酸，并用于制造炸药，这对接触法的发展产生了巨大影响。1913年，巴登苯胺纯碱公司（现在的巴斯夫集团）发明了添加碱金属盐的钒催化剂。该催化剂催化活性较好、不易"中毒"且价格较低，在工业应用中显示了其优异的成效。从此，一系列性能不断改进的钒催化剂如雨后春笋般出现，钒催化接触法在合成工业中的应用进程被大大加速。

现代合成工业大多采用接触法制硫酸，所用的催化剂为五氧化二钒（V_2O_5），具体过程为：硫铁矿与氧气反应生成二氧化硫，二氧化硫在五氧化二钒的催化下被氧气氧化生成三氧化硫，三氧化硫与水反应生成硫酸。化学反应式如下：

$$4FeS_2+11O_2 \longrightarrow 2Fe_2O_3+8SO_2$$

$$2SO_2+O_2 \xrightarrow{V_2O_5} 2SO_3$$

$$SO_3+H_2O \xrightarrow{V_2O_5} H_2SO_4$$

三个步骤分别由下图三个塔完成：沸腾炉、接触室、吸收塔。

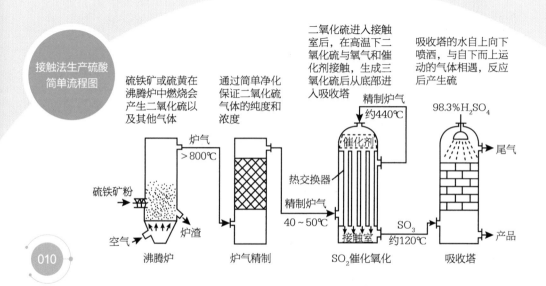

接触法生产硫酸简单流程图

硫铁矿或硫黄在沸腾炉中燃烧会产生二氧化硫以及其他气体

通过简单净化保证二氧化硫气体的纯度和浓度

二氧化硫进入接触室后，在高温下二氧化硫与氧气和催化剂接触，生成三氧化硫后从底部进入吸收塔

吸收塔的水自上向下喷洒，与自下而上运动的气体相遇，反应后产生硫

借此，接触法生产硫酸开始书写它的辉煌，硫酸工业也由此占据了化学工业的霸主地位。

我们国家的硫酸工业虽然起步较晚，但是发展迅猛。

洋务运动时期，恭亲王提出在天津设机器局的议案，由崇厚筹划办理。崇厚建局之初，一面派英国人密妥士（J. A. T. Meadows）赴英购买机器，一面在天津择地建造厂房。1874 年，天津机械局淋硝厂建成中国最早的铅室法装置，1876 年投产，日产硫酸约 2 吨，主要用于制造无烟火药。

1934 年，中国第一座接触法装置在河南巩县（现巩义市）兵工厂分厂投产。1949 年以前，中国硫酸最高年产量为 18 万吨。1983 年硫酸产量仅次于美国、苏联，居世界第三位。20 世纪 80 年代后，中国引进了一批大型生产装置，截至 1998 年，中国硫酸生产量跃居世界第二位，仅次于美国，并于 2004 年跃居世界第一，这充分体现出我国已逐步成为一个化工强国。

看似普通的硫酸却有着如此复杂的经历，纵观硫酸制取工艺的发展，可以看出化学化工的发展伴随着无数科学家的付出和努力。硫酸的传奇永不退场，科研的精神世代相传。如今，我国已经稳坐世界硫酸产业的龙头地位，但在硫酸工业高歌猛进的同时也留下了不少"后遗症"，还有很多如提高产率、节能减排和环境保护等诸多需要解决的问题，还需要我们一起续写硫酸的辉煌。

1.2 合成氨：没有它我们吃什么

　　合成氨的化学反应，可以算是 20 世纪最重要的化学反应之一。为什么合成氨这么重要呢？首先要来隆重介绍一下这个气味难闻但解决了人类温饱问题的氨。

　　1754 年，化学家普利斯特利（J. J. Priestley）将卤砂（主要成分为氯化铵）与石灰（氧化钙）混合，在加热条件下生成了一种带有刺激性气味的无色气体（$2NH_4Cl+CaO \xlongequal{\quad} 2NH_3+H_2O+CaCl_2$）。随后经过研究，他发现这种气体在水中的溶解度很好，并且该气体可以与酸性气体发生反应，当时称其为"碱空气"。虽然知道了该气体的一些基本性质，但是他并不了解这种气体是由什么元素组成的，并且这种"碱空气"并不常见，因此这一气体引起了科学家的广泛关注。1787 年，化学家贝托莱（C. Berthollet）经过一系列研究，提出了氨气是由氮元素和氢元素构成的。

贝托莱雕像
（图片来源：https://en.m.wikipedia.org/wiki/Claude_Louis_Berthollet#/media/File%3AClaude_Louis_Berthollet_statue_in_Annecy%2C_France.jpg）

普利斯特利
（图片来源：https://zh.wikipedia.org/wiki/%E7%BA%A6%E7%91%9F%E5%A4%AB%C2%B7%E6%99%AE%E5%88%A9%E6%96%AF%E7%89%B9%E9%87%8C#/media/File:Priestley.jpg）

　　前面提到，氨气有很好的溶解度，那到底有多好呢？1 倍体积的水可以溶解 700 倍体积的氨气！打个比方，1 瓶矿泉水可以溶解 700 瓶氨气。是不是超级厉害！氨气是碱性气体的这一特点，使得它的鉴别多种多样。比如，用湿润的红色石蕊试纸靠近待测气体，试纸变蓝，用浓盐酸靠近待测气体可以生成白烟（氯化铵小颗粒）。氨气的碱性主要是由于氨气与水反应形成一水合氨，一水合氨是一种弱碱，可以释放出氢氧根离子。因此利用氨气与酸反应可以制造各种各样的铵盐，比如氨气与硫酸反应可以得到硫酸铵，氨气与盐酸反应可以得到氯化铵。而这些铵盐正是我们农业上常用的氮肥。

　　在大自然中，氮气与氧气在闪电的作用下可以生成氮氧化物，在与水反应后以酸的形式落入土壤，经过一系列变化成为硝酸盐。因此民间有一句话叫作"雷雨发庄稼"，说的就是打雷可以将空气中的氮气（游离态）固定为含氮元素的盐（氮的固定），成为氮肥被庄稼吸收。

　　粪肥是一种传统的氮肥，这也体现了劳动人民的智慧。而自然界中的一些矿石也可以作为氮肥，如 19 世纪人们在南美发现了硝石，并证实硝石可以作为一种化肥使用，于是对其进行大量开采。但是光凭这些手段，根本无法应付人口迅速增长产生的需求，因此发展一种经济可行的固氮技术迫在眉睫。既然氨气是由氢元素和氮元素组成的，那么是否可以从氢气和氮气出发，将二者混合直接产生氨气呢？

看似简单的一个反应，却让大批科学家铩羽而归。直到一个天才的诞生！他就是弗里茨·哈伯（Fritz Haber）。哈伯是一个天才，同时也是一个颇有争议的化学家。接下来，让我们走进这个充满争议的诺贝尔化学奖得主的人生。

弗里茨·哈伯
（图片来源：https://zh.wikipedia.org/wiki/%E5%BC%97%E9%87%8C%E8%8C%A8%C2%B7%E5%93%88%E4%BC%AF#/media/File:Fritz_Haber.png）

哈伯的父亲是镇上有名的商人，他的生意涉及染料、颜料和药品等。哈伯的母亲因为难产，在哈伯出生三周后便去世了。哈伯小时候就显露出过人的天赋，在父亲的培养下，哈伯勤于发问，善于思考，而且对化学表现出了独特的喜爱。1886 年 9 月，哈伯在布雷斯劳的圣伊丽莎白高中顺利通过了考试。尽管他的父亲希望他在染料公司当学徒，但最终还是同意哈伯在柏林弗里德里希 – 威廉大学（现德国柏林洪堡大学）学习化学，而哈伯的老师正是著名化学家霍夫曼（A. W. von Hofmann）教授，时任该大学化学研究所的所长。在科研之路上，哈伯展现出惊人的化学天赋，他优秀的论文使得他被破格授予博士学位。

在那个时候，化学家已经普遍认为，氢气和氮气理论上是可以发生化合反应产生氨气的，只是没有找到合适的反应条件或者反应的催化剂，因此科学家从 18 世纪中叶开始便着手研究该反应，但哈伯从 1906 年才开始对于工业合成氨的方法进行系统研究。氢气和氮气是可以反应的，但是

霍夫曼
（图片来源：https://zh.wikipedia.org/wiki/%E5%A5%A7%E5%8F%A4%E6%96%AF%E7%89%B9%C2%B7%E5%A8%81%E5%BB%89%C2%B7%E9%A6%AE%C2%B7%E9%9C%8D%E5%A4%AB%E6%9B%BC#/media/File:August_Wilhelm_von_Hofmann.jpg）

该反应是一个可逆反应，也就是当氢气与氮气发生反应以后，生成了氨气，氨气又会发生逆反应重新变回氢气与氮气。在常压下，温度低于 300℃时，二者只能生成百分之几的产率，但是温度超过 600℃，氨气分子会分解，发生逆反应而使产率急剧下降。几经思考之后，哈伯机智地想到，如果把反应条件改为高压，也许能解决这个问题。

在常压下，反应物的浓度很低，而在高压条件下，反应物浓度升高，反应速率加快，同时有利于反应向气体系数和小的方向移动。气体系数和是什么呢？让我们来看看这个反应方程式：

$$3H_2（g）+N_2（g）\rightleftharpoons 2NH_3（g）$$

从反应方程式可以看出，反应物的气体系数和是 3（氢气）+1（氮气）=4，产物的气体系数和是 2（氨气），那么增加压强，该反应的平衡会向气体系数和变小的方向移动，正反应由 4 变 2，当然有利于该反应的平衡向正向移动。打个比方，一群袋鼠挤在一个房间里面，这个时候，施一个魔法使房间变小，袋鼠们更加拥挤十分难耐，这个时候，小袋鼠会钻进袋鼠妈妈的肚子里，合二为一，这样会腾出一些地方，袋鼠们待着会更舒服。

机智！

因此在加压条件下，反应会正向移动，有利于产率的提高。这是工业史上第一个加压催化的过程，这也是哈伯的第一个重大贡献，为研发合成

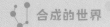
氨的工业生产装置提供了基础。但混合好的氢气和氮气通过反应装置进行催化反应以后，只能生成少量的氨和大量的反应物残余，也就是说没反应完的氢气和氮气便浪费了。因此哈伯又提出"封闭流程和循环操作的工艺技术"，把没反应完的氢气和氮气循环利用起来，重新进入反应器再次进行催化反应，而氨气通过冷却、加压或其他方法液化分离。虽然这种想法放到现在可能不算什么，但是在当时，哈伯的策略打破了化学界流行的观点，引入了重要的科学原理，提出了"反应速率"和"时空产率"等概念来代

知识链接

时空产率（time space yield）：又称时空收率或时空得率，指在给定反应条件下，单位时间内，单位体积（或质量）催化剂获得的某一产物量。它是衡量催化剂活性大小及反应器装置生产能力的标志之一。

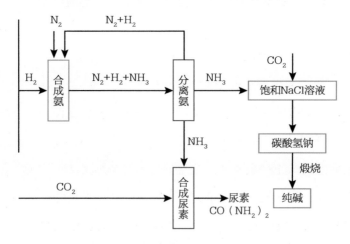

合成氨示意图

勒夏特列原理

　　勒夏特列原理（Le Chatelier's principle）又名"化学平衡移动原理"，由法国化学家勒夏特列于 1888 年发现。是一个定性预测化学平衡点的原理，其具体内容为：如果改变可逆反应的条件（如浓度、压强、温度等），化学平衡就被破坏，并向减弱这种改变的方向移动。关于化学平衡的移动原理后期被这位科学家系统地研究和总结了出来。

勒夏特列
（图片来源：https://zh.wikipedia.org/wiki/%E4%BA%A8%E5%88%A9%C2%B7%E8%B7%AF%E6%98%93%C2%B7%E5%8B%92%E5%A4%8F%E7%89%B9%E5%88%97#/media/File:Lechatelier.jpg）

　　替"反应产率"，在那个时代实属很前卫的思想。这也是哈伯的第二个重大贡献。

　　高效的催化剂在提高反应产率中最为重要。1909 年，哈伯经研究发现，金属锇（Os）对该反应有良好的催化活性，但是金属锇比较稀少且昂贵，并不是一个最佳的选择。后来，哈伯与巴斯夫公司合作，系统地研究了 2500 多种催化剂，并进行了 6000 多次实验。到 1912 年年初，他们终于发现最优秀的催化剂是一个多组分的混合物，其组成与磁铁矿相似。这种催化剂，我们现在把它叫作铁触媒。触媒的意思就是催化剂相当于一个媒人，把两个反应物拉到一起接触，有效地提高反应速率。1913 年，世界上第一套合成氨的装置诞生了，但每天的产量仅为 5 吨。后来，科学家不断地进行改进，逐步提升产率，目前的日产量可以达到上千吨。

合成氨工业的发展使得氮肥工业拥有了稳定的氮源，因此氮肥的产量和使用量得到迅猛增长。哈伯因为"从单质合成氨的研究"，在 1918 年被授予诺贝尔化学奖。

仔细审视诺贝尔化学奖的榜单，你会发现 1916—1917 年并没有诺贝尔化学奖的获奖者，因为在这期间爆发了第一次世界大战。但是在 1918 年，也就是诺贝尔化学奖回归的第一年，瑞典皇家科学院便把该奖项授予了唯一获奖人——哈伯，这引起了学术界的巨大争议。

原来，英国和法国的科学家质疑哈伯在第一次世界大战时的表现。哈伯深陷战争的旋涡，他领导的实验室成为一个重要的军事机构，承担了战争所需材料的开发和供应，特别是化学武器——毒气的开发。他错误地认为，毒气袭击是缩短战争时间和结束战争的好方法，因而在战争期间担任德国毒气战争的科学指导。这种不人道的化学战受到了欧洲人民的一致谴责，因此很多科学家反对将诺贝尔化学奖授予哈伯。尽管哈伯反省了对人类文明犯下的罪行，在 1917 年毅然辞去在化学兵

德国路德维希，巴斯夫公司合成氨反应塔遗址（图片来源：https://zh.wikipedia.org/wiki/%E5%93%88%E6%9F%8F%E6%B3%95#/media/File:Ammoniak_Reaktor_BASF.jpg）

释放毒气

（图片来源：https://en.m.wikipedia.org/wiki/Timeline_of_chemical_warfare#/media/File%3APoison_gas_attack.jpg）

工厂和部队中的所有职务，但是这份忏悔已经太迟了。有人这样评价哈伯："他为人间带来了丰收与快乐，仿佛一个天使；同时他也带来了战争和毒气弹，仿佛一个魔鬼。"科学是双刃剑，既能造福于人类，又能摧毁人类文明。

进入 20 世纪，人口爆炸带来的粮食问题亟待解决，为了使后代免于饥饿，科学家一直希望能够实现大气中氮气的固定。如何将大气中丰富的氮固定并转化为可利用的形式，已成为 20 世纪初许多科学家关注的重要课题。哈伯在第一次世界大战期间的做法虽然饱受诟病，但他所从事的合成氨工艺条件试验和理论研究无疑为后来者开辟了方向，他的贡献毋庸置疑。

合成氨工艺被称为 20 世纪最伟大的发现之一，它解决了人类的温饱问题，使得无数人免于饥饿。哈伯在这之中做出了卓越的贡献，不但在理论方面提出了很多化学反应中的基本概念，还在工业合成以及设备改造等方面提出了诸多先进的理念。合成氨可谓是化学史上的一座里程碑，有着无可替代的重要意义。

1.3

农药和化肥的申诉

农药，这几年挺出名的，不过倒不是因为它的本事而出名的，而是因为一款名为"王者荣耀"的游戏。所以对于这样的出名，农药自己可能也很无奈。

农药和它的"孪生兄弟"化肥虽然为人类的粮食保障提供了绝对的支持，但是它们的名声却远不如治疗疾病的药物"兄弟"那么好。药物拯救了很多人的生命，缓解了人类的苦痛，但是农药和化肥对人类的贡献同样不容忽视：它们保证了这个世界上的70多亿人有饭吃，不至于被饿死。

人们总是会对不直接接触的东西产生莫名的抵触心理，而对于自己熟悉的东西却产生天然的好感。这种好感不仅体现在药物上，更体现在农药和化肥的"妹妹"化妆品上，其实，药物和化妆品的成分绝大部分都是化学合成的，就像农药和化肥一样。

让我们先说说化肥吧！在19世纪以前，农业上所需肥料（主要是氮肥）的来源主要是有机物的副产品，如粪类、种子饼及绿肥等，这显然不能满足农业的需求。

我们拿绿肥来举个例子，各种绿肥的幼嫩茎叶，含有丰富的养分，一旦在土壤中腐解，能大量地增加土壤中的有机质和氮、磷、钾、钙、镁以及各种微量元素，这是极好的。在当今"绿色环保"的语境下，更是值得提倡的一种肥料。每亩（1亩约为667米^2）地能生产 1000 ～ 2000 千克的绿肥鲜草，每 1000 千克绿肥鲜草一般可提供相当于 13.7 千克的尿素、6 千克的过磷酸钙和 10 千克的硫酸钾。我们可以拿尿素来作为参照物，它是化肥团队中的 "一员大将"，是目前含氮量最高的氮肥。

元素氮对作物生长起着非常重要的作用，它是植物体内氨基酸的组成部分（氨基酸是构成蛋白质的基础模块），也是在植物光合作用中起决定作用的叶绿素的组成部分。施用氮肥不仅能提高农产品的产量，还能提高农产品的质量。

我国每年农业消费的尿素约为 4200 万吨，如果换算成绿肥，需要将中国 10% 的耕地用于绿肥的种植。在已经远远低于世界人均耕地的中国拿出 10% 的耕地来种植绿肥，这是令人匪夷所思的！中国的人均耕地面积有多少，你查查资料就知道了。英国著名人口学家、经济学家马尔萨斯（T. R. Malthus）就曾在他的《人口原理》中预言，自然界的肥料有限，不可能长期满足人类粮食生产的需要。

尿素不仅是农业领域用量最大的化肥，而且还在工业领域有着广泛的应用，包括人造板、电厂的脱硝脱硫，三聚氰胺，ADC 发泡剂以及汽车尿素等。2016 年，我国尿素的工业消费为 1400 万吨。

很遗憾世界上没有尿素矿，因此需求量这么大的尿素最终还是要依靠化学合成来获得。工业上用液氨和二氧化碳为原料，在高温高压条件下直接合成尿素。反应式如右侧：

氨的化学式是 NH_3，但这世界上也同样没有氨矿，所以它的产

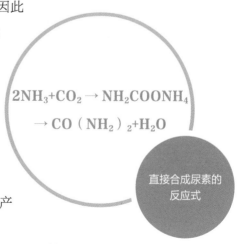

$$2NH_3 + CO_2 \rightarrow NH_2COONH_4$$
$$\rightarrow CO(NH_2)_2 + H_2O$$

直接合成尿素的反应式

生也同样有赖于工业上的化学合成。这可是一个很厉害的化学领域，看上去如此简单的化学反应（至少从化学方程式看是这样的），却成就了至少三位诺贝尔化学奖得主。

氨主要来源于空气中大量存在的氮气。由于大气中4/5都是氮气，因此如何将大气中极其稳定的氮气转化成可以被植物利用的物质形式（这个过程在专业上叫"固氮"），一直是科学家关注的重大课题。

利用氮、氢为原料合成氨的工业化生产曾是一个挑战性课题，从第一次实验室研制到工业化投产，经历了150多年的时间。1909年，哈伯在600℃、200个大气压的条件下，用金属锇作为催化剂（锇不仅贵，并且它的氧化物还有剧毒），以6%的收率成功地在实验室中获得合成氨，开启了合成氨的新纪元，后来博施（C. Bosch）以铁为催化剂改进了这一技术，这就是著名的"哈伯－博施法"合成氨过程。合成氨的原料来自空气、煤和水，是最经济的人工固氮方法。今天，合成氨已经成为最为重要的化工产品之一，世界上每年合成氨产量超过2亿吨，以合成氨为原

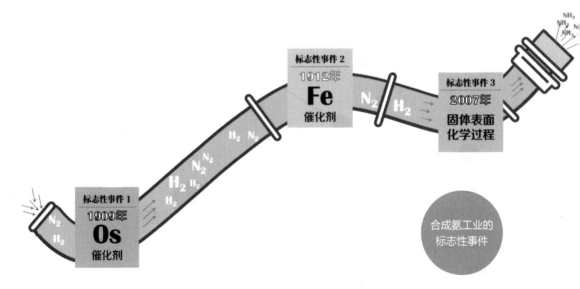

料的尿素产量约为 1.5 亿吨，在国民经济和社会发展中占有重要地位。合成氨的工业技术结束了人类完全依靠天然氮肥的历史，农业上施用的其他氮肥，例如硝酸铵、磷酸铵、氯化铵以及各种含氮复合肥，都是以合成氨为原料的，它们的施用大大促进了农业的发展。由于这项革命性的合成技术，哈伯和博施分别获得 1918 年和 1931 年的诺贝尔化学奖。2007年，埃特尔（G. Ertl）因在"固体表面化学过程"研究中做出的贡献再获诺贝尔化学奖。他的发现有利于为合成氨研究更有效地计算和控制人工固氮技术。

合成氨工业被认为是 20 世纪最伟大的化学发明。它作为人工固氮的主要途径，使氮肥的大规模生产成为现实，极大地提高了粮食产量，解决了这个蓝色星球上超过 70 亿人口的吃饭问题。当然，早期合成氨工业的发展也与军事密不可分，烈性炸药 TNT 的快速发展同样有赖于合成氨工业的建立。可以说合成氨工业在第二次世界大战中扮演着极其特殊的角色，要知道基于硝基的炸药已经导致全球 1 亿人死亡，"但如果没有工业氮肥的话，全世界一半以上的人都得饿死"。

化肥虽然很了不起，但是农作物长得再好，如果虫害、病毒、杂草太多，也同样会导致减产，所以农药的作用就凸显出来了。如果没有农药，世界粮食产量将因受病、虫、草害的影响而损失 1/3。举例来说，在美国，如果不施用农药，农作物和畜产品将减产 30%，而农产品的价格将增长50% ~ 70%。由于美国是最大的粮食出口国，美国粮食产量的大幅度下降，会造成世界性的饥荒。不仅如此，如果要弥补单产下降引起的粮食供给，就必须开垦大量的土地，这必然会造成对自然环境的破坏，更多的天然雨林或者森林植被要被用来进行农业生产。如果不施用农药中的除草剂，单靠人工除草将会大大增加农产品的生产成本，土壤流失的风险也将急剧增加。如果不施用农药中的杀菌剂，不仅花生的产量将下降 60% 多，由病菌产生的天然毒素（毒性可能要远远强于某些农药）也可能会急剧增加，对人类的健康构成威胁。随着世界越来越开放，外来物种的入侵愈演愈烈，如果使用生物方法很难在短期内实现完全控制，则会给外来物种的扩散带来绝佳的时间差，而施用农药来进行应急处理，则能在短时间内阻止外来物种的扩散。

除了依靠改良品种、提高栽培技术、应用转基因技术等措施，施用农药来防治病、虫、草害对农作物的肆虐，是提高农作物单产的一个十分重要的手段。由于农药的施用，中国每年挽回的粮食损失达5800万吨。对于中国这样一个人口众多、耕地紧张的大国而言，农药在缓解人口与粮食的矛盾中发挥了极其重要的作用。

但不可否认的是，农药的长期大量施用，对环境、生物安全和人体健康都可能产生较大的不利影响。20世纪曾一度被广泛施用的DDT(滴滴涕，二氯二苯三氯乙烷）就是一个典型的例子。

DDT最先是在1874年被分离出来的，但是直到1939年才由瑞士化学家穆勒（P. H. Muller）重新认识到其对昆虫是一种有效的神经性毒剂，

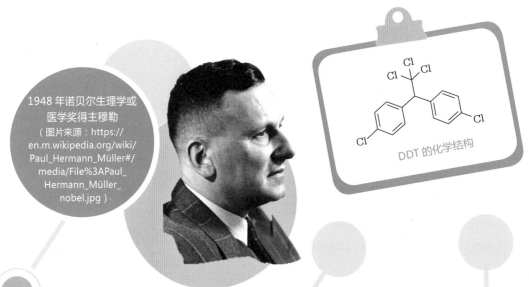

1948年诺贝尔生理学或医学奖得主穆勒
（图片来源：https://en.m.wikipedia.org/wiki/Paul_Hermann_Müller#/media/File%3APaul_Hermann_Müller_nobel.jpg）

DDT的化学结构

能够有效地杀灭疟疾等疾病的传播媒介——蚊子。第二次世界大战期间，DDT 的施用范围迅速扩大，而且简直成了疟疾、痢疾等疾病的克星，救治了很多患者，还带来了农作物的增产。全球疟疾的发病一度得到有效遏制，比如在中国的宝岛台湾，20 世纪 40 年代曾报道过 100 多万例疟疾，但当喷洒 DDT 之后，在 1969 年只有 9 例疟疾病例被报道。

1962 年，美国海洋生物学家卡逊（R. Carson）在《寂静的春天》一书中详尽细致地讲述了以 DDT 为代表的杀虫剂的广泛施用对环境造成的巨大且难以逆转的危害。她高度怀疑，DDT 进入食物链后，最终会在动物体内富集，干扰鸟类钙的代谢，致使其生殖功能紊乱，使蛋壳变薄，使一些食肉和食鱼的鸟类接近灭绝，同时也导致一些昆虫对 DDT 逐渐产生抗药性。由于 DDT 对人类健康和生态环境的潜在危害，包括中国在内的许多国家都禁止施用 DDT 等有机氯杀虫剂。

从科学的角度来看，卡逊在《寂静的春天》一书中对 DDT 的描述存在一些不严谨的地方。比如卡逊在书中几乎断言 DDT 是一种致癌物，但直到现在，科学研究都没有找到 DDT 致癌的有力证据。现在的科学家普遍认为 DDT 和某些癌症的发病有一定的相关性，但 DDT 本身却不直接诱发基

美国海洋生物学家卡逊
（图片来源：https://en.m.wikipedia.org/wiki/Rachel_Carson#/media/File%3ARachel-Carson.jpg）

因突变致癌，甚至有科学家每年在讲授环境保护课程时都会当着听众的面喝下一勺DDT。实际上，卡逊当时只是基于非常有限的科学研究得出的结论，并没有进行系统的、全面的考察，书中的一些结论在当时也曾引起科学界的巨大争议。

当然，如果等所有的研究考察都完成，同时又证明了DDT确实致癌的话，那么可能就为时已晚了。所以当时尽管美国专门开了一个听证会，用了8个月的时间，传讯了125个证人得出DDT不会致癌，也没有生育危害的结论，但仍然在1972年宣布停止施用DDT。

从另一个方面看，这也恰恰说明了当时将DDT用于农业生产时可能并未进行严格、全面、长时间的实验以及对环境影响的研究。当然，在DDT应用于农业生产的年代，还没有"环境保护"这一提法，而现在，要批准某种农药应用于农业生产，其严格程度甚至超过了用于人体的药物。

随着DDT的禁止施用，疟疾又很快在第三世界国家中卷土重来，特别是在非洲国家，每年大约有1亿疟疾新发病例，大约有100万人死于疟疾，而且其中大多数是儿童。疟疾目前仍然是发展中国家人口最主要的病因与死因，这与到目前为止还没有找到一种经济有效、对环境危害小、能代替DDT的杀虫剂有很大关系。基于此，世界卫生组织于2002年宣布，重新启用DDT用于控制蚊子的繁殖以及预防疟疾、登革热、黄热病等在世界范围内肆虐的疾病。想要了解DDT的前世今生，除了《寂静的春天》，宾夕法尼亚大学费城儿童医院的儿科医生保罗·奥菲特（P. Offit）的著作《潘多拉的实验室》也值得一看。

《寂静的春天》最大的功绩也许并不在于它的科学性，而在于卡逊卓越的写作能力和情绪化引导，《寂静的春天》引发了公众对环境问题的关注，催生了环境保护组织的建立，同时也促使联合国于1972年6月12日在斯德哥尔摩召开了人类环境大会，与会各国签署了《人类环境宣言》，开启了世界范围的环境保护事业。

农药和化肥的发明和施用给科学家提出了一个不容回避的现实问题：在充分肯定其有利作用的同时，如何充分认识其对生态环境和人体健康产生的危害以及如何降低对环境的危害。其实这既是一个挑战，也为化学和生物学提供了一个更为重要的舞台。

纵观农药的发展历史，科学家一直在致力于提高它 "升级打怪" 的能力：从第一代升级到第五代，特别是第三代的昆虫生长控制剂、第四代的昆虫行为控制剂和第五代的昆虫心理控制剂，由过去的杀生、高毒、广谱到现在的控制、低毒、选择性，这是合成化学与其他科学相互协作、相互促进的结果，也使农药成为 "更好的自己"。

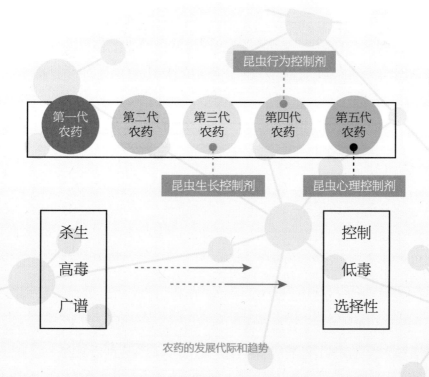

农药的发展代际和趋势

走出误区

近些年来，"回归天然""有机食品"等概念深入人心，使得农药和化肥几乎成了"全民公敌"，甚至被推向了"妖魔化"的境地。其实，那些号称坚决不施用农药和化肥的"有机食品"，也只是在很大程度上满足了公众在心理层面对于食品安全的期待。如果要世界上所有的粮食作物在生产过程中都摒弃农药和化肥，那么世界性的饥荒将不可避免，"何不食肉糜"的典故将上演现代版本。

事实上，有机食品是否真的比非有机食品安全可靠，依旧是个争论不休的话题，"天然"和"有机"这些形容词在很大程度上越来越成为商家的噱头。更可笑的是有人建议：不要食用任何一种连它的化学名字都读不出来的东西。若真的遵循这样的规则，恐怕这世界上的绝大多数人都无法存活下去，因为他们读不出下面这个物质的化学名称：（2R，3R，4S，5S，6R）-2-[（2S，3S，4S，5R）-3，4-二羟基-2，5-双（羟甲基）氧杂环戊-2-基]氧-6-（羟甲基）氧杂环丙烷-3，4，5-三醇。这个物质就是我们几乎每天都要食用的——白砂糖。

在可预见的将来，作为合成化学应用的重要方面，农药和化肥一定还是会被人类施用的。随着科学素养的提升，人们会逐渐认识到：抛开剂量谈毒性、谈危害、谈污染，是有失科学理性的。

比如广泛流传的"吃海鲜的同时不能吃含维生素 C 丰富的食物，否则会发生砷中毒"，乍一听似乎靠谱，但实际情况是：一个普通人要一次性吃 150 千克的海鲜和不少于 10 千克的维生素 C，才有可能发生砷中毒。这个难度还是蛮大的！

将农药和化肥过量滥用，或者用在不适合的领域，由此造成对人身和环境的伤害，这并不是农药和化肥自身的错误，更不是化学学科的错误！这不仅需要科学家严谨、可靠的实验，需要施用者严格按照科学制定的剂量和规定的施用领域场景进行施用，需要执法机关的严格筛查，也需要正确有效的科学普及工作。只有全民科学素养的提升，才能够彻底消除公众对农药、化肥以至化学的误解。

1.4

丰富多彩的塑料世界

大家对塑料肯定不陌生。不夸张地说，塑料在衣食住行各个方面都有非常广泛的应用。衣服上的纽扣和拉链，经常听到的"尼龙"，保鲜盒，冰箱、微波炉的外壳等，全都与塑料有关。在建筑行业中，塑料的应用也十分广泛，"聚乙烯"（PE）、"聚丙烯"（PP）等字眼经常出现在水管、管道表面，各种交通工具也都离不开塑料制品。

建筑中的塑料

汽车中的塑料

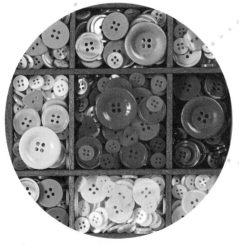

服饰中的塑料

日常生活中的塑料

知识链接

　　聚乙烯：乙烯分子，可以看作两个碳原子两只手互相拉在一起形成的分子。通过聚合反应（一类化学反应），可以强行把它们拉在一起的一双手拆散，跟其他被拆散的碳原子的手重新拉在一起。这样，许多的乙烯分子手拉手就形成了聚乙烯。可以通过控制反应条件来控制参加聚合的乙烯分子的数量，这样就可以产生不同性质的聚乙烯材料。乙烯分子叫作单体，也是组成该高分子的基本单元。衡量高分子大小的一个指标是聚合度。聚什么，什么就是单体，也就是该高分子的原材料。

　　均聚物：由一种单体聚合而成的高分子。

　　共聚物：由两种或两种以上的单体聚合而成的高分子。

　　虽然大家对塑料都很熟悉，但是，如果让大家具体说出塑料是什么，可能都说不上来。国际纯粹与应用化学联合会（IUPAC）对塑料的定义比较广，说塑料是高分子材料的俗称。在维基百科上，塑料是人工合成或半合成的具有延展性且可以成型的高分子材料。说到高分子材料，大家可能就比较陌生了。我们很熟悉的水、二氧化碳，分子量只有几十，而高分子的分子量可以达到几千，甚至几万、几十万。简单来说，高分子材料就是由分子量很大的分子组成的材料。而塑料可以是完全人工合成的高分子材料，也可以是以天然高分子为主要原料，再加入一些添加剂合成的材料。

　　相比于其他高分子材料（例如高分子涂料、高分子黏合剂），塑料可以在温度的改变下，自由切换身形，具有可塑性强的特点，所以名字里才有个"塑"字。塑料通常分为热塑性塑料和热固性塑料。热塑性塑料加热后会变软，冷却后就可以固化成各种各样的形状。所以废旧塑料是可回收垃圾，回收后可重新加工为新的产品。生活中常见的很多塑料都是热塑性的，比如矿泉水瓶、塑料袋、尼龙、涤纶等。而热固性塑料成型之后不会因为加热软化变形，如果温度再高，就会直接分解。电子元件中所用的塑料制品，往往需要耐高温，所以使用的是热固性塑料。酚醛塑料，俗称电木，是历史最悠久的热固性塑料之一，在插座、开关、厨灶板台上都能发现它的身影。

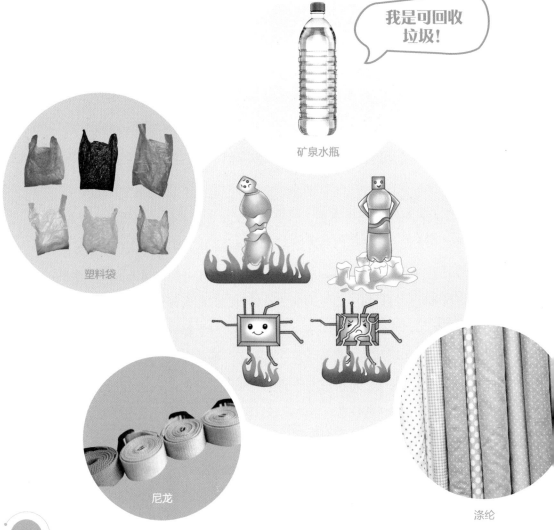

我是可回收垃圾！

矿泉水瓶

塑料袋

尼龙

涤纶

塑料大家族这么神通广大，那到底是谁发明了它们呢？

人类最早使用的塑料，其实是从天然高分子化合物来的。19 世纪，科学家使用棉、麻、丝、木材、淀粉、橡胶等天然高分子化合物，制造了各种各样的材料。亚历山大（Alexander）发明了第一种塑料——赛璐珞，并且在 1856 年申请了英国专利。赛璐珞是这么来的：植物细胞壁中富含纤维素，使用硝酸处理后，可以获得具有弹性的透明材料，而且这种材料可以在加热后冷却成型。大家肯定想不到，赛璐珞最早是应用于台球上的。因为当时台球是用象牙做的，而象牙非常有限，所以赛璐珞的发明才应运而生。到现在，赛璐珞已经被运用在乒乓球、饰品头饰和乐器拨片等多种产品中。

吉他拨片
（图片来源：https://upload.wikimedia.org/wikipedia/commons/f/f9/Guitar_picks-KayEss-1.jpeg）

赛璐珞是在天然高分子化合物的基础上经过人为改造得到的塑料。还有一种塑料，是名副其实的合成塑料，它就是酚醛塑料，俗称电木。

1909 年，化学家贝克兰（L. Baekeland）用酚类物质和醛类物质通过缩合反应得到了酚醛树脂，酚醛树脂是酚醛塑料的主要成分，这是人类历史上第一种完全人工合成的塑料。为了纪念贝克兰，酚醛塑料又被称为“贝克兰塑料”，《时代》周刊则将贝克兰称为“塑料之父”。同时，这也是现代塑料工业的起源。

贝克兰
（图片来源：https://commons.wikimedia.org/wiki/File:Baekeland.jpg）

苯酚和甲醛反应生成酚醛树脂的反应式

拜耳
（图片来源：https://
commons.m.wikimedia.org/
wiki/Adolf_von_Baeyer#/
media/File%3AAdolf_von_
Baeyer_(1905).jpg）

其实，早在 1872 年，德国化学家拜耳（A. von Bayer）就发现，苯酚和甲醛这两种化学物质反应之后的玻璃管底部总有一些残留物，很难洗干净。不过当时拜耳的注意力集中在合成染料上，并不想要这种顽固的杂质，所以拜耳和酚醛树脂错过了。谁能料到，这个"杂质"，竟成了名噪一时的宝贝。这样的例子在科学史上并不少见，有的科学家错过的细节却成就了另外一个科学家，并因此改变了未来。

贝克兰的一生也颇为传奇。他出生于一个普通家庭，勤奋好学的他在 21 岁就获得了根特大学的博士学位。1887—1889 年，他在比利时布鲁日高等师范学院任物理和化学教授。1889 年，26 岁的他回到根特大学任副教授，并到英国和美国访问游学。贝克兰在比利时的时候就已经获得了关于合成胶片的专利，哥伦比亚大学的钱德勒教授觉得他很有潜力，把他介绍给了安东尼相片公司的经历理查德·安东尼。工作两年之后，贝克兰决定自己单干。白手起家的贝克兰经历了病痛的折磨和资金的短缺，开始重新思考自己的研究方向。经过不断地试验，贝克兰成功发明了高光敏性照相纸 Velox，这也是当时第一个成功上市的相纸。通过将 Velox 的专利转让给著名的柯达公司，贝克兰掘得了第一桶金。也正是因为有了这第一桶金，才会有后来酚醛树脂的发明。Velox 和酚醛树脂，是贝克兰传奇人生的两大标签。

贝克兰不仅具有科学家的勤奋、踏实，也具有商人的敏锐直觉。他看到了当时高分子材料这个领域的发展前景，通过对这个领域的调研和文献阅读，他注意到了拜耳发表文章的细节。他怀疑拜耳报道过的顽固杂质是一种新型的材料，并对此产生了极大的兴趣。于是他便着手研究苯酚与甲醛的反应。他得到的第一代产品是苯酚 - 甲醛虫胶，商品名叫 Novolak，遗憾的是其性能比较差，并没有在市场上取得成功。随后他继续摸索苯酚和甲醛反应的条件，特别是温度和压力。最终，他得到了可以成型的硬塑料——酚醛塑料。

令人意外的是，贝克兰十分节俭，甚至有点抠门。流传着这样一个故事：贝克兰一直想要一套西装，但经常一看到价格就望而却步。有一天，他的妻子为了给他一个惊喜，在服装店挑了一套昂贵的西装，预付了店主 100 美元，让店家把这套衣服陈列在橱窗里，并贴上 25 美元的标签。当晚，贝克兰与妻子闲谈中获悉这等物美价廉的好事，第二天就去店里毫不犹豫地买了下来。在回家的路上，他碰到邻居，遂向邻居推销这套衣服，贝克兰的新衣服立刻被对方以 75 美元买走，回到家他还向妻子炫耀自己作为商人的精明。可以想象，他的妻子当时一定气炸了！

1939 年，在儿子的建议下，贝克兰退休后将公司巨额出售给联合碳化物公司。在贝克兰去世的那一年——1944 年，酚醛塑料的年产量已经达 17.5 万吨，用于 1 万多个产品上。

酚醛塑料的特色是绝缘性，且兼具耐热耐磨耐腐蚀于一身，还不可燃。性能如此优越的酚醛塑料占据着我们的生活。除了插座插头，齿轮、螺旋桨、阀门、管道、电热水瓶、刀柄、桌面上都有它的身影。

酚醛塑料材质电话
（图片来源：https://upload.wikimedia.org/wikipedia/commons/3/36/W48_DBP.jpg）

第一次世界大战之后，化工行业的高歌猛进，使得新型塑料的需求急剧增长，越来越多的石油化工产品将塑料行业推向了新的时代。20世纪初期，世界化工巨头巴斯夫公司将聚苯乙烯（PS）和聚氯乙烯（PVC）塑料商业化。随后，诞生于1898年的聚乙烯也终于在30年后重获新生，被公司推向广阔的市场。但受限于生产条件，即使在高压的条件下进行，得到的也是低密度聚乙烯（LDPE），主要用于薄膜产品和包装材料。

德国化学家齐格勒（K. K. Ziegler）在马克斯·普朗克研究所（简称马普所，马普所在德国的地位相当于我国的中国科学院）的煤炭研究所工作。乙烯是当时很重要的化工原料，而煤炭产业的副产品之一就是乙烯，这引起了齐格勒的关注。他开始尝试在普通气压下乙烯的聚合反应。通过摸索各种条件，总结和分析实验现象，他发现微量的四氯化钛和三乙基铝作为催化剂时可以在正常大气压下催化乙烯聚合产生分子量大于3万的聚乙烯。在这种工艺下生产出来的聚乙烯，又称为高密度聚乙烯（HDPE），其耐热性和硬度比低密度聚乙烯好，可以用来制作塑料管材、容器、工业配件等。

诺贝尔化学奖
得主齐格勒
（图片来源：https://
en.m.wikipedia.org/wiki/
Karl_Ziegler#/media/
File%3AKarl_Ziegler_
Nobel.jpg）

　　1954 年，意大利化学家纳塔（G. Natta）也发现了四氯化钛和三乙基铝催化剂可以催化聚丙烯的生成，而且产品的熔点和强度都很高。1957 年，聚丙烯开始被大规模生产并投放到市场中。由于齐格勒和纳塔这两位科学家杰出的贡献，1963 年瑞典皇家科学院向他们授予诺贝尔化学奖。因此四氯化钛和三乙基铝催化剂，也被称为齐格勒 - 纳塔催化剂。

　　LDPE、HDPE、PP 在日常生活中随处可见，而且在塑料容器上还有不同的数字标识。其实，1 ~ 7 就代表着塑料"七兄弟"!

　　塑料家族真的是"人丁"兴旺、英雄辈出! 21 世纪，塑料家族又有了新成员——导电塑料。美国科学家黑格（A. J. Heeger）、马克迪尔米德（A. G. MacDiarmid）和日本科学家白川英树（Hideki Shirakawa），因为发现了导电聚合物（例如聚乙炔）共享了 2000 年的诺贝尔化学奖。利用导电塑料，人们研制出了更轻便的塑料芯片和电池中的电极材料。除此之外，导电聚合物还在发光二极管、太阳能电池和移动电话显示装置等产品上有新的用武之地。

诺贝尔化学奖得主纳塔
（图片来源：https://en.m.wikipedia.org/wiki/Giulio_Natta#/media/File%3AGiulio_Natta_1960s.jpg）

1 PET

2 HDPE

3 PVC

塑料的标识

聚对苯二甲酸乙二醇酯，在饮料瓶中很常见。如果刚烧开的热水倒进矿泉水瓶里，瓶子就会变瘪变软，这说明了 PET 不耐高温

高密度聚乙烯，具有耐油性和耐低温冲击性，经常用于食用油、清洁用品和洗浴产品的包装

聚氯乙烯，由于它在强光直射和高温条件下会产生有害物质，所以不能用于食品包装，主要用于雨衣、壁纸

科普漫画：塑料的号码

低密度聚乙烯，常用于食品保鲜膜

这就是纳塔首先合成的塑料，这种材质最突出的特点就是耐热性，可以耐100℃以上的高温，现在广泛用于微波炉餐盒，还有一些可以耐高温的塑料水杯，也是用 PP 做的

聚苯乙烯，主要用于泡面盒和一次性泡沫塑料饭盒，还可用于建筑板材

聚碳酸酯（PC）及其他类，其中，PC 多用于制造奶瓶、太空杯。而其他类材料在日常塑料制品中不太常见

　　其实人们对塑料的要求近乎苛刻，在它们有用的时候希望它们稳定、耐磨、不容易坏，当不用它们的时候就希望它们容易坏。塑料还背上了"白色污染的罪魁祸首"的恶名。稳定耐磨到底是好事还是坏事呢？其实不容易坏也没关系，人类可以回收塑料，再重新加工成新的产品，这样也可以减少污染。有些科学家研发出了可降解塑料，既能满足人类的需要，也能解决白色污染。塑料制品是可回收的，当我们处理塑料垃圾时，要把它们放到标有"可回收"的垃圾桶中。

1.5 发酵：微生物孕育的传奇

"民以食为天"，若想让食物鲜美可口，就离不开一种工艺——发酵。微生物在发酵工程中发挥着举足轻重的作用！

微生物是一个非常古老的"部落"，主要有细菌、病毒、真菌和少数藻类等家族。这些家族中的一些成员甚至是地球上最早的生命。迄今为止，科学家发现的最古老的生物化石大约有 35 亿岁的高龄，这些化石中的生物类似于现在的蓝藻。微生物王国的子民大多数都非常非常小，通常不能通过肉眼被看到。但值得一提的是，大名鼎鼎的蘑菇和灵芝是看得到的真菌。

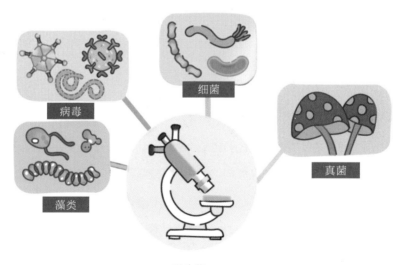

病毒　细菌　藻类　真菌

微生物

　　微生物这么小，那人类是怎么发现它们的呢？这得益于一位伟大的科学家——列文虎克（A. van Leeuwenhoek）的贡献。列文虎克出生于荷兰德尔夫特市，是一个布匹商人。机缘巧合，他从一位卖眼镜片的商人那学到了关于磨透镜的一些初步知识，在与透镜接触的日子里，小小的镜片放大了身边一切细小而平凡的事物，这使得列文虎克惊诧不已。

　　谁能想到，最先引起列文虎克关注的，居然是那小小的胡椒。胡椒是欧洲餐桌上必不可少的调味品，胡椒的辣味总让列文虎克认为是胡椒粒上肉眼看不见的尖刺刺扎舌头导致的。他想用透镜一探究竟，但是他发现细小的胡椒粒竟然不能被放在透镜下。对此，列文虎克十分苦恼，怎么办呢？他绞尽脑汁，终于想到了办法：他把胡椒粒在水中浸泡几个星期，然后用细针把几乎看不见的胡椒屑拨开来，放在水里，再吸入发丝一样细的管子里。神奇的事情发生了，他观察到一群数不清的"小动物"在里面肆意翻滚。

　　渐渐地，透镜已经不能满足列文虎克的好奇心，对"小动物"的兴趣激活了他的天赋，他开始制作显微镜。显微镜使他如虎添翼，自然界中的一切都成了他的观察对象。在河边井畔，他观察到不计其数的微生物在"打闹嬉戏"，然而它们凑到一起却还没一粒沙大。1677 年，列文虎克首次描述了昆虫、狗和人的精子。1684 年他准确地描述了红细胞，并证明了意大利生物学家马尔皮基（M. Malpighi）推测的毛细血管层是真实存在的。生命的奥秘使得他的兴趣从

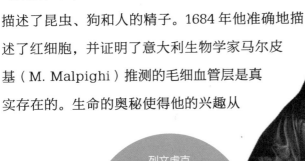

列文虎克
（图片来源：https://commons.wikimedia.org/wiki/File:Anthonie_van_Leeuwenhoek_（1632-1723）._Natuurkundige_te_Delft_Rijksmuseum_SK-A-957.jpeg）

未消退，他还发现嘴里竟然有无数小生物，这些小生物有的像杆棒，有的呈螺旋状，并且这些小生物特别不喜欢高温，一杯热咖啡瞬间就能让它们伤亡殆尽。

由此，列文虎克开启了人类利用仪器研究微生物的纪元！

为什么说微生物在发酵工程中发挥着举足轻重的作用呢？这得从发酵的身世说起。很早以前，拉丁美洲的人们发现，每当丰收时，成堆的水果或谷物经常会浸出汁液并且泛酸，人们还发现这些汁液甚至会冒泡，但是并不知道为什么会产生这个现象，只是形象地把它称为"发泡"。其实这就是发酵。发酵大都需要微生物的帮忙，比如它的黄金搭档——酵

知识链接

马尔皮基，意大利生物学家、组织学家。用显微镜研究人体的微细结构，发现了毛细血管网等。观察到血液会流过毛细血管网，从而证实了哈维的血液循环学说。

马尔皮基
（图片来源：https://commons.wikimedia.org/wiki/File:PSM_V58_D571_Marcellus_Malpighi.png）

母。酵母属于微生物部落中的真菌家族。酵母的身高大概只有头发丝直径的1/10。酵母的主要功能是将糖分解成酒精和二氧化碳，也就是说，发酵就是大的有机分子分解成为小一些的分子的过程。而有机物分解也称为"酵"，因此这样的过程就被称为"发酵"。

虽然在很早，微生物发酵就被智慧的人们用来制造美味，但是人们却从来没有真正走进微生物的世界。人们对发酵与微生物关系的认识，得益于化学家巴斯德（L. Pasteur）。巴斯德于1822年出生于法国东尔城，毕业于巴黎大学化学专业。1843年，巴斯德发表的关于双晶现象研究和结晶形态的两篇论文，开创了对物质光学性质的研究，也因此让他在化学界声名鹊起。

1854年9月，法国教育部委任巴斯德为里尔工学院院长兼化学系主任。在此期间，他对酒精工业产生了兴趣，而酿酒的重要工序就是发酵。当时，法国里尔城的一位酒厂老板发现葡萄酒和啤酒很容易变酸，因此请求巴斯德帮忙，希望他能在酒中加些化学药品来防止酒类变酸。巴斯德发现，在显微镜下，在正常的葡萄

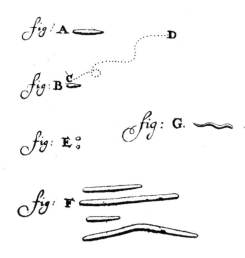

列文虎克发现的细菌
（图片来源：https://commons.wikimedia.org/w/index.php?sort=relevance&search=Leeuwenhoek+bacteria&title=Special:Search&profile=advanced&fulltext=1&advancedSearch-current=%7B%7D&ns0=1&ns6=1&ns12=1&ns14=1&ns100=1&ns106=1#/media/File:Text_and_diagram_of_bacteria_Wellcome_M0010658.jpg）

巴斯德
（图片来源：https://commons.wikimedia.org/wiki/File:Louis_Pasteur.jpg）

酒中只能看到一种又圆又大的酵母菌，而在变酸的酒中则还有另外一种又小又长的细菌。他把这种细菌放到没有变酸的葡萄酒中，葡萄酒就变酸了。于是巴斯德向酿酒厂的老板指出，只要把酿好的葡萄酒在50℃下加热并密封，葡萄酒便不会变酸。酿酒厂的老板听到后非常诧异，根本不相信，认为巴斯德是一派胡言。但毕竟实践是检验真理的唯一标准，巴斯德便在酒厂里示范给老板看：他把葡萄酒分成两组，一组加热，另一组作为对照组不加热，储藏一段时间后，当众开瓶品尝。几个月后，大家如期而至，迫不及待地品尝了两组酒的风味，果然不出巴斯德所料！加热过的葡萄酒依旧酒味芳醇，而没有加热的就好像醋一样，酸味过重难以下咽。这种采用不太高的温度加热杀死微生物的方法叫作巴斯德灭菌法。直到今天，我们食用的牛奶还是采用巴斯德灭菌法来保鲜的。

1857 年，巴斯德又进行了著名的鹅颈烧瓶实验，也称肉汤实验，证明发酵是微生物的"功劳"。他把肉汤灌进两个烧瓶里，第一个烧瓶就是普通的烧瓶，瓶口竖直朝上，目的是让空气中的微生物可以落入肉汤中；第二个烧瓶是瓶颈弯曲成天鹅颈一样的曲颈瓶，由于弯曲的天鹅颈通路复杂，空气中的微生物很难落入肉汤中。他把肉汤煮沸，杀死微生物，待冷却后，将两个烧瓶放置一边。过了 3 天，第一个烧瓶里就出现了微生物菌团，明显已经发霉了，第二个烧瓶里却没有。他把第二个瓶子继续放下去：1 个月、2 个月，1 年、2 年……直至 4 年后，曲颈瓶里的肉汤仍然清澈透明，没有变质。

在历史的长河中，发酵的"才能"
也随着时间，日益凸显，丰富了人类的
文明。

酒，一捧稻米的故事。"酒入豪肠，
七分酿成了月光，余下的三分啸成了剑气，
绣口一吐就半个盛唐。"这是余光中对李白的
追忆。其实文人墨客，富贵贫贱，通达潦倒，欢喜
哀愁，总是离不开酒，而酒总是离不开发酵。黄酒、
啤酒和葡萄酒并称世界三大古酒。在 3000 多年前，我
国就独创酒曲复式发酵法，开始大量酿制黄酒。最初的酒曲是
用发霉的谷物制作而成的，所以酒曲中含有大量的霉菌，霉菌将谷物中的
淀粉转化成糖，而酵母菌则负责将糖发酵成酒精。

黄酒
（图片来源：https://
commons.
wikimedia.org/wiki/
File:201723fdefes.jpg）

黄酒的主要原料是稻米，经过浸米、蒸煮、摊晾、落缸发酵、开耙、
坛发酵、蒸馏等过程。不难想象，整个过程稻米都是以固态的形式存在的，
像这样的方式也称为固体发酵法。除了黄酒，著名的国酒——茅台酒也使
用固态发酵的方法。相对地，液体发酵法则借助于液体，即先将酵母置于
液体介质中，经过几小时的繁殖后制成发酵液，然后用发酵液与其他原辅
料搅拌进行发酵。类似于我们常说的"酒引子"，我们平时常见的市面上比
较廉价的白酒中，绝大多数都会使用液态发酵法。

茶，一片绿叶的故事。一片绿叶，一杯清茶，在悠悠岁月中浅吟低
唱。中国是茶的故乡。根据发酵程度的不同，我们通常把茶分为绿茶、黄
茶、白茶、青茶（乌龙茶）、红茶和黑茶六大类。但是我们所说的发酵茶
并不是真正意义上的发酵。因为发酵，是微生物分解有机物的过程，而并
不是所有的发酵茶都经历了这个微生物分解茶中有机物的过程，有些茶
只是单纯地被"氧化"，然后变色，因此茶树上的茶叶是绿色的，买来的

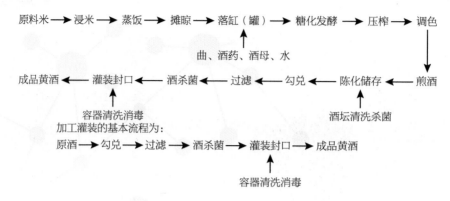

原料米 → 浸米 → 蒸饭 → 摊晾 → 落缸（罐） → 糖化发酵 → 压榨 → 调色

曲、酒药、酒母、水

成品黄酒 ← 灌装封口 ← 酒杀菌 ← 过滤 ← 勾兑 ← 陈化储存 ← 煎酒

容器清洗消毒　　　　　　　　　　　酒坛清洗杀菌
加工灌装的基本流程为：

原酒 → 勾兑 → 过滤 → 酒杀菌 → 灌装封口 → 成品黄酒

容器清洗消毒

黄酒固态发酵流程

茶叶是暗绿色的。在这几大类茶中，只有黑茶的制作过程涉及真正的发酵过程，因为在其制作工艺中的确有微生物的参与。黑茶，听起来可能觉得陌生，但是"普洱茶"这三个字一定是家喻户晓的。普洱茶就是黑茶的代表！普洱茶最初的制作过程和绿茶很相近，即把茶青通过杀青、揉捻和干燥制成毛茶。此时，茶叶当中存在的酶已经没有活性，经过不同的后发酵处理，毛茶可以变成普洱熟茶或普洱生茶。

接下来我们要介绍的核心步骤，也就是微生物参与的环节，也是制作熟茶的核心操作——渥堆，就是让毛茶处于适合微生物生长的温度和湿度条件下，使得毛茶上的微生物大量生长，这个过程才是真正的"发酵"。

这些微生物主要是有益的霉菌和细菌，它们的新陈代谢又产生各种各样的酶，把毛茶中的许多成分转化为新的物质，比如把茶多酚氧化成茶黄素和茶红素，把纤维水解为糖类，把蛋白质水解为氨基酸和多肽，对咖啡因进行复杂的转化或把它与其他物质结合。这些变化远远比其他茶类的氧化要复杂多变，从而形成红浓的汤色和甜醇厚重的口感。普洱生茶则不经过渥堆处理，而是把毛茶经过蒸压定型和干燥后，就作为成品储藏。在储藏中，温度和湿度条件不是微生物生长的适合条件，不过在毛茶上也还是会有一些顽强的霉菌和细菌繁衍生息，并在艰苦的条件下缓慢地发酵。这

普洱茶
（图片来源：https://
commons.wikimedia.org/
wiki/File:Th%C3%A9_pu-
erh.jpg）

样的发酵更容易受各种因素的影响，因此而形成了常见常新、变化多样的普洱生茶，也造就了普洱"越陈越香"的传说。

食物，微生物的聚会。在餐桌上，沉默寡言的各种发酵食物总是低调地丰富着我们的口感。酸笋、大头菜、泡菜等各种腌菜，都有发酵的功劳。众所周知的调味品，豆豉、酱油、腐乳等，都是微生物赐予人类的礼物。

酱油和酒是"同龄人"。在 3000 多年前，就已经有了对酱油的详细记载。早期，酱油是由鲜肉腌制而成的，与现今的鱼露制作过程相近，专供皇室，是皇帝的御用调味品。酱油的绝佳风味也勾起了百姓的馋虫，然而百姓只能望"肉"兴叹。不过百姓发现大豆酿造的酱油和肉酿造的风味所差无几，且价格便宜。渐渐地，酱油便广为流传，成了餐桌上必备的调味品。

酱油

微生物就好像是大自然的信使。通过微生物的精包装，大自然的平凡被发酵成一个个奇迹！随着科技的进步，我们对于微生物的利用也不局限于食品，慢慢地向非食品工业拓展。现今，我们以生命科学为基础，结合先进的工程技术手段和其他自然科学原理，按照需求设计改造微生物，从而利用微生物生产出我们想要的产品，甚至在未来的生物医药和生物能源领域占据一席之地。微生物，必会将我们的未来发酵得更加光辉灿烂！

CHAPTER 2
第 2 章　合成之苑

　　化学是研究物质组成、性质、结构与变化规律的学科，化学合成便是基于物质变化规律的。从医药业方面青蒿素和牛胰岛素的合成，农业方面油欢、油达等各种农药的合成，国防工业方面高性能炸药和推进剂的合成，再到数码信息科技中的光电材料的合成和饮食生活中各种高分子材料的合成，化学合成早已成为人类社会生活中不可或缺的一部分。从简单的氢气、氧气等无机分子合成，再到极度复杂的蛋白质和核酸分子合成，化学合成的艺术起源于大自然，并被大自然发挥到了极致。科学家师法自然，不懈地探索自然的规律，向大自然学习，并挑战自然，合成了许许多多复杂的分子和在大自然中不存在的化学结构。

2.1 人工合成牛胰岛素

　　我是大名鼎鼎的胰岛素，在机体里，我可是唯一能降血糖的激素。当然，我也能促进糖原、脂肪和蛋白质合成，但是最使我自豪的身份当数治疗糖尿病的药物，这也正是我声名远扬的主要原因。顾名思义，胰岛素来自胰岛，当血液中血糖水平升高时，我便被

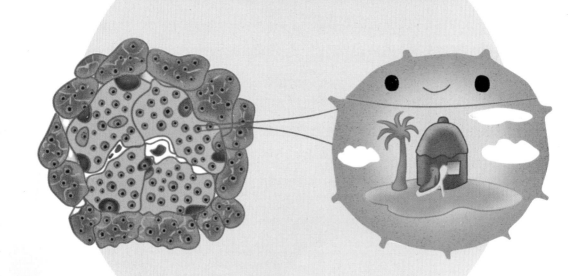

胰岛素

胰腺

以说是一个非常典型的蛋白质代表。

1889 年，德国生理学家梅林（Mering）和德国籍内科医生明科夫斯基（Minkowski）把实验小狗的胰腺切除，导致实验小狗"患"上了糖尿病，尿液中出现的糖分吸引了大量的苍蝇。因此他们发现胰岛就是导致糖尿病的"元凶"，进而开启了糖尿病研究的"新世纪"大门。1910 年，英国生理学家沙佩－谢弗（E. A. Sharpey-Schafer）提出糖尿病是缺乏一种胰腺分泌物导致的，并称这种分泌物为胰岛素。

胰岛 β 细胞分泌进入血液，去执行自己降血糖的使命。我降低血糖的过程可以这样描述：人体摄入食物之后，食物在肠道内转化为葡萄糖进入血液，血糖升高会刺激胰岛细胞分泌胰岛素，进入血液后的胰岛素会与受体结合，通过调控体内的一系列转化，葡萄糖离开血液转化为糖原被储存起来，从而降低了血糖浓度。我们都知道熊猫不是猫，鲸鱼不是鱼，所以胰岛同样也不是岛哦！胰岛是分散在动物胰腺器官中的一些像小岛一样的细胞团，胰岛素便是居住在胰岛里面的 β 细胞所合成的蛋白质激素。可别看我在蛋白质家族中只是一个小个子，麻雀虽小，五脏俱全，蛋白质的一级和高级结构胰岛素都有，可

因为胰岛素是蛋白质中的小个子，在身体里含量很低，共同居住在胰岛的消化酶还能将其分解，所以通过普通的手段既看不见也摸不着它。但是经过坚持不懈的努力，

科普漫画：不甜＝无糖？

科学家最终还是将它的神秘面纱揭开。1920—1922 年，加拿大医生班廷（F. G. Banting）和科研助手贝斯特（C. H. Best）以及教授麦克劳德（J. J. R. Macleod）等人通过结扎小狗的胰管使消化腺萎缩，消灭了能将胰岛素分解的消化酶，于是从胰腺中提取到了胰岛素。他们发现胰腺提取物能使患糖尿病的小狗恢复生理机能，接着首次分离纯化得到较高纯度的胰岛素。

班廷、贝斯特和第一只被成功治愈的糖尿病狗（图片来源：https://commons.m.wikimedia.org/wiki/File:Photograph_of_F.G._Banting_and_C.H._Best_with_a_dog_on_the_roof_of_the_Medical_Building_（12309019434）.jpg）

素。更有趣的是就在 1922 年，恰好班廷的一个患糖尿病的同学病情迅速恶化，生命垂危，他抱着死马当作活马医的态度希望班廷能给自己使用处于实验阶段的胰岛素。就在班廷十分无奈地给这位糖尿病患者注射了胰岛素之后，患者的病情竟然奇迹般好转，这也说明了胰岛素降血糖的本领多么强大。之后这几位伟大的科学家为胰岛素申请了专利，但是他们却象征性地只以 1 美金价格将该专利转让给多伦多大学，并授权给礼来、诺德等企业商业化生产胰岛素。班廷等科学家无私奉献的精神给自己的研究画上了一个完美的句号，也给无数糖尿病患者带来了福音，从此胰岛素也因为治疗糖尿病而声名远扬。据粗略统计，1923 年便有 25000 多名糖尿病患者在近 8000 名医生的指导下使用了胰岛素。班廷也因为这个伟大的贡献在 1923 年登上《时代》杂志封面，并和麦克劳德获得当年诺贝尔生理学或医学奖，这也是加拿大人首次获得诺贝尔奖。为了纪念班廷在胰岛素研究上的巨大贡献，班廷的生日 11 月 14 日被世界卫生组织和国际糖尿病联盟定为"世界防治糖尿病日"。

　　胰岛素个头儿不足头发丝的万分之一，因此用光学显微镜看不见它的样子，用电子显微镜和扫描隧道显微镜才能看见它，却难以看清内部的结构。当然，胰岛素又很大，虽然只是蛋白质中的小个子，也是由 51 个氨基酸分子组成的，分子量 5807，是大家最熟悉的水分子（分子量 18）的 320 多倍，氧气分子（分子量 32）的 180 多倍。

　　英国化学家桑格（F. Sanger）经过 10 年的努力，才终于在 1955 年完成了牛胰岛素的测序工作，也就是弄清了它的内部结构。胰岛素肽链 A链（由 21 个氨基酸通过肽键连接而成）和肽链 B 链（由 30 个氨基酸连接而成）通过 2 个二硫键相互连接而成，其中 A 链内部还存在着第三个二硫键，最后 A 链和 B 链再折叠成胰岛素蛋白三维立体的高级结构。世界上首个结构被完全确定的蛋白质便是牛胰岛素，桑格也因此获得 1958 年诺贝尔化学奖。

　　众所周知，蛋白质作为三大生物大分子之一，是生命活动的主要承担者。根据中心法则，在细胞内 DNA 首先转录成 m-RNA，m-RNA 再翻译成蛋白质。翻译的过程便是在核糖体上以 m-RNA 为模板，用活化的 20种氨基酸为原料，通过肽键（酰胺键）按顺序一个个连接起来，最后再通过一系列加工和后修饰便得到完整的蛋白质。既然生命体能合成蛋白质，

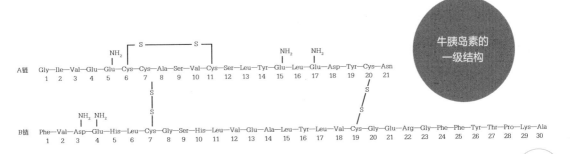

牛胰岛素的一级结构

科学家也弄清了蛋白质的化学结构，那么他们必然会想：能不能在烧瓶中以氨基酸为原料通过化学的方法合成蛋白质呢？如果能在烧瓶中人工合成蛋白质，必将对生命起源的思考带来巨大启发，也将是生命科学发展上里程碑式的进步。

但是在烧瓶中把氨基酸分子连接成肽键可不像堆积木那么简单，我们可以用手把积木一个个连起来，但是却没有一双足够小的"手"能抓住看不见的各种氨基酸分子，再一个个按正确的顺序连接起来。截至 20 世纪 50 年代末，科学家合成的最长的肽链促黑激素也只由 13 个氨基酸组成。促黑激素的合成在当时已经是极其有难度的工作了，而蛋白质的复杂度远非促黑激素可比。

牛胰岛素作为当时唯一一个氨基酸序列被完全确定的蛋白质，虽是蛋白质家族中的小个子，但也足足有 51 个氨基酸，因此化学合成胰岛素是一个极具挑战性的课题。更加困难的是胰岛素由 A、B 两条链通过二硫键连接，首先如何把 A、B 两条链正确地连接起来就是一大难点。我们不妨来简单地算一算，胰岛素 A 链上有 4 个巯基（—SH），B 链上有 2 个巯基（—SH），如果 2 个巯基之间可以随机连接，A、B 链之间连接成 2 个二硫键的方式就有 12 种，而这 12 种连接方式中只有一种是正确的结构，也就是说概率只有 1/12。但是我们并没有一双足够小的"手"来抓住看不见的 A、B 两条链，保证只是 A 链和 B 链两条链之间连接，并把正确的两个位置连在一起，因此 A 链和 A 链、B 链和 B 链也能两两连接，甚至还会出现 3 条链、4 条链等多聚体，所以单单是把 A、B 两条链随机组成正确的胰岛素蛋白的难度便是巨大的。

由此可见，人工合成一个蛋白质是多么的困难，即使是蛋白质家族中的小个子牛胰岛素也让世界上大多数科学家望而却步。1958 年，当桑格获得诺贝尔化学奖时，英国权威杂志《自然》的评论文章就预言："人工合成

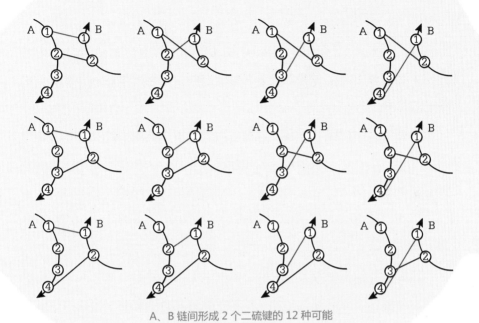

A、B 链间形成 2 个二硫键的 12 种可能

胰岛素还不是近期所能做到的。"但是这项世界级难题,却被中国科学家攻克了。

　　人工合成结晶牛胰岛素课题最早可追溯到 1958 年 6 月,后来,它获得了寓意为 "1960 年第一项重点研究项目" 的 "601" 的代号。中国科学院生物化学研究所(简称生化所)的科研工作者查阅文献后发现,合成牛胰岛素这个课题尽管难度大,但这个设想是有合成背景的。具有活性的肽类激素催产素的合成表明,将一个个氨基酸连接起来合成多肽是可行的,连接氨基酸的方法也为合成牛胰岛素提供了一定的参考。技术上有了一定的合成基础后,大家又面临着一个问题,即合成所需的氨基酸从何而来。在当时,国内只有生产谷氨酸钠(味精)的经验,合成胰岛素所需要的其他十几种氨基酸基本没有。从国外进口?不仅进口的氨基酸价格昂贵,譬如丝氨酸在当时的价格是 150 元 / 克，而在当时一个科研人员的每月工资才仅仅 50 元左右，而且由于合成路线的不确定性，路线上的不断失败以及探索导致对氨基酸的用量非常巨大，再加上进口试剂的周期很长，因此从国外进口氨基酸显得很不切实际。

为解决原料的问题，在相关部门的支持下，生化所的技术人员筹建了东风生化试剂厂。在那个年代，它所生产的氨基酸不仅供应了牛胰岛素合成课题，使得科研人员无须再为原料的制备而担心，加速了整个课题的进展，并且通过销售试剂每年可为国家创造好几百万元的收入，可以说它是牛胰岛素项目催生出来的产学研相结合的典范。

人工合成结晶牛胰岛素项目于 1959 年 1 月正式启动。作为该项目的倡导者，生化所当仁不让地开始了前期的探索工作。为了加快进度，他们将该课题中最重要的胰岛素合成部分和胰岛素拆合部分分别交由擅长有机合成的钮经义教授和擅长生物化学研究的邹承鲁教授负责。之后，北京大学、中国科学院上海有机化学研究所（简称有机所）等单位陆续加入到项目中。

1960 年，邹承鲁等人的胰岛素拆合工作取得了一定的成功。拆合是对胰岛素 A、B 链的拆分以及重新组合的过程。邹承鲁等人将没有活性的胰岛素 A、B 链重新组合后，发现他们得到的重组的胰岛素具有天然胰岛素 2% ~ 3% 的生物活性。我们知道，一条或几条肽链通过相互之间的作用力形成了更为复杂的空间结构，即蛋白质的二级结构，蛋白质的生物活性与其二级结构有很大的关系。尽管他们得到的人工重组的胰岛素的活性较低，然而这一从无到有的发现说明通过合成胰岛素的 A、B 链进而组合达到人工合成牛胰岛素的方法是可行的。遗憾的是，由于对工作的过度保密，邹承鲁等人并没有发表这一发现。1961 年，美国科学家安芬森（C. B. Anfinsen）报道了一项与邹承鲁团队很类似的工作，并且在 11 年后凭借其获得了诺贝尔化学奖，而邹承鲁等人由于没有及时报道而无缘分享该奖项。

1963 年，美国和德国的研究小组先后报道了具有微弱活性的人工胰岛素（活性 <2%）。

为了在胰岛素合成项目中赶超美国和德国的研究小组，国家科委重新规划了胰岛素的合成工作。决定由北京大学和有机所共同完成胰岛素 A 链21 肽的合成，具体分配到北京大学的是 21 肽中的前 9 肽，有机所则是后12 肽；生化所钮经义团队继续进行胰岛素 B 链 30 肽的合成；生化所邹承鲁团队则在之前已有的活性的基础上，继续探寻更好、更温和的肽链重组方法，为提高重组胰岛素生物活性而努力。由于有机所和生化所都处在上海，为了方便互相之间的交流，北京大学便决定也进驻上海。经过对实验室、宿舍等生活方面的协商之后，北京大学化学系决定由邢其毅教授带队到有机所与汪猷教授团队会合，通力合作完成胰岛素 A 链的合成工作。三个单位之间分工明确、精诚合作，大大加速了整个课题的进展。他们凭借着顽强的毅力，一起克服了一个又一个难关，谱写了牛胰岛素合成的辉煌篇章。

当时，我国的经济水平较差，科学家的生活质量常常得不到保障。然而正是在这种艰苦的条件下，老一辈的科学家仍然无私奉献，全身心地投入到了牛胰岛素合成的项目中，没有半点怨言。为了课题的早日完成，他们主动放弃了周末，有的实验时间较长，科研人员便睡在实验室熬夜加班，照料实验。由于实验条件以及相关保护措施简陋，科研人员常常面临着一些健康问题。比如在对氨基酸进行氨基官能团保护的过程中常常会用到一种叫作 CbzCl 的试剂，制备该试剂时需要使用到光气。而光气是一种活性很高且有剧毒的气体，在第二次世界大战中被当作化学武器使用。由于防护条件以及通风设备较差，实验人员难免会吸入少量的光气。轻微的光气中毒大家都没怎么当回事，休息几天也就好了，但由于个人体质不同以及

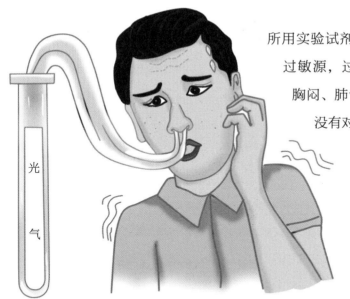

光气

所用实验试剂的影响，部分人感染了过敏源，过敏之后导致皮肤瘙痒、胸闷、肺气肿等现象。所幸的是，没有对生命造成威胁。

1964 年 8 月，生化所的钮经义教授团队率先完成了牛胰岛素 B 链的人工合成。为了确定 B 链的正确结构，他们将合成出来的 B 链和从天然牛胰岛素拆解得到的天然 A 链氧化连接，得到了正确的牛胰岛素，间接地证明了他们合成的 B 链的正确性。大约 9 个月后，由北京大学和有机所合作的团队宣布完成了牛胰岛素 A 链的合成，他们同样将人工合成 A 链和天然 B 链相连接，得到了完整的牛胰岛素。

同时，生化所的邹承鲁团队经过不懈的努力也在牛胰岛素 A、B 链的重组效率研究方面取得了很大的进展。他们认为之前重组效率低的主要原因是由于连接二硫键的方法比较剧烈，对 A、B 链有一定的破坏作用，因此经过多年的对反应条件的摸索，最终寻到了一种温和的氧化方法，可以将效率由之前的小于 5% 提高到 50%，极大地提高了 A、B 链的利用率，值得一提的是当时理论计算得出的最高活性只有 8%。因为合成 A、B 链的路线非常长，收率很低，邹承鲁等人发展的高效的连接方法也降低了最终 A、B 链的用量，从而减轻了合成人员的部分压力。

当人工合成的 A、B 链积累到一定的量之后，生化所的代表杜雨苍、北京大学的代表施溥涛以及有机所的代表张伟君三人齐集在生化所，将 A、B 链进行连接，最终在 1965 年 9 月 17 日得到了世界上第一个人工合成的牛胰岛素晶体。

1965 年的《中国科学》杂志刊登了人工全合成牛胰岛素的全文，署名的作者仅有 21 人。事实上，在这一课题中，许多人虽然仅仅参与了其中的一部分，但他们所做出的成果为该课题的研究做出了贡献，他们最终没能参与到作者的排名中；许多老先生也为该课题奉献了心血，但他们很谦虚，直接要求不参与署名。

我国取得的第一次结晶牛胰岛素全合成工作受到了国际同行的广泛关注和认可。例如，德国亚琛工业学院羊毛研究所查恩教授、胰岛素工作的竞争对手来信祝贺；该项研究成果也于 1966 年在欧洲生化学会联合会上被正式介绍给各国的科学家；《科学》杂志也对此成果做出了重要的评论。结晶牛胰岛素全合成的成功，是与科研人员的辛勤努力、脚踏实地的科研作风、任劳任怨的工作态度分不开的，这份工作跨越了七年之久，不仅为我国培养了一大批的化学以及生命科学领域的人才，更为我国的基础学科研究奠定了基础。

2.2

炸药和推进剂

　　大家都知道火药是中国的四大发明之一，火药又叫黑火药，是由方士在炼丹的时候发明的。方士就是研究炼丹术的人。炼丹术起源很早，《战国策》中已有方士向荆王献不死之药的记载。汉武帝希望"长生不死"，推动炼丹成为风气，盛行了 1000 多年。

炼丹术中很重要的一种方法是"火法炼丹"，就是在没有水的条件下加热一堆原材料的方法。在炼丹术演变的过程中，方士逐渐发展出了"硫黄、硝石和木炭"一起加热的方法。由于混合后点火会发生激烈的燃烧或爆燃反应，所以炼丹房经常发生失火事故。到了唐代，方士已经逐步掌握了将硝石、硫黄和木炭三种物质通过配比和特殊工艺制成一种极易燃烧的药的方法，这种药被称为"着火的药"，就是火药。

火药是由硝石（硝酸钾，KNO_3）、硫黄（S）和木炭（C）组成的混合物，火药着火时发生的化学反应如下：

$$2KNO_3 + S + 3C \longrightarrow K_2S + N_2\uparrow + 3CO_2\uparrow$$

火药最初主要用于杂技演出及木偶戏中的烟花杂技。唐代末期，火药开始用于军事用途。据宋代路振的《九国志》记载，唐哀帝时（10 世纪），郑王番率军攻打豫章（今江西南昌），"发机飞火"，烧毁该城的龙沙门。这可能是用火药攻城的最早记载。两宋时期，火药武器发展很快，出现了管状火器。1132 年陈规发明了火枪。1259 年，有人用竹筒制作了突火枪。明代改用铜或铁替代竹筒铸成了大炮，统称"火铳"。同时还发明了多种"多发火箭"，多发火箭可以一次射出数十支甚至上百支带火的箭，散布面

火铳
（图片来源：https://commons.m.wikimedia.org/wiki/File:Yuan_chinese_gun.jpg#mw-jump-to-license）

广，杀伤力很强。

火药技术在战争中传播到了夏、辽、金以及蒙古。蒙古军队进攻阿拉伯国家时使用了火药兵器，火药兵器因而进一步传播到阿拉伯国家。在与阿拉伯国家的战争中，欧洲人也逐步掌握了制造火药和火药兵器的技术。火药新技术的发展动摇了西欧的封建统治，昔日靠冷兵器耀武扬威的骑士阶层日渐衰落。可以说火药的发明大大推进了历史发展的进程，是欧洲文艺复兴、宗教改革的重要支柱之一。

但是黑火药的缺点是能量不足，而且使用后会产生大量白烟和残渣，造成再次装填的难度增加，而且易使容器生锈或被腐蚀。随着科技的发展，黑火药逐渐被炸药所取代，到 19 世纪后半期，炸药走向现代化并广泛应用于战争和工业中。

像黑火药一样，在普通的环境条件下炸药还是比较稳定的，可以根据不同的需求进行储存、运输和加工。在给予足够能量的外界刺激下才会发生分解、燃烧等反应，甚至发生爆炸。这个分解－爆炸过程是一个氧化还原反应。炸药家族的很多成员在分子结构中含有硝基等氧化基团，这些基团会使炸药变得"暴躁"，不需要外界的氧气点燃，只需要摩擦生热就会爆炸。爆炸就是在极短时间内炸药剧烈分解并释放大量高温高压气体，可以使周围的东西被炸飞老远老远，具有非常巨大的破坏力。

1771 年，英国的沃尔夫（P. Woulfe）首次合成了一种黄色的结晶体苦味酸（2，4，6- 三硝基苯酚），它最初作为黄色染料使用，后来巴黎郊区一家染料商店的苦味酸铁桶生锈无法打开时，伙计找来铁锤用力敲击后铁桶意外发生了爆炸，伴随着巨响染料店瞬间化为一片废墟而且死伤无数。根据

苦味酸
（图片来源：https://commons.m.wikimedia.org/wiki/File:Picric_acid.JPG）

现场调查，这桶黄色染料造成的破坏程度远远大于同质量的黑火药，由此法国军方从这个悲剧中发现了一种大威力的炸药，并在 1885 年将它装填入炮弹并应用于战争。

1845 年的某一天，化学家舍恩拜（C. F. Schönbein）在做实验时，不小心碰到了盛满硫酸和硝酸混合液的瓶子，洒了一桌子的液体，慌忙之中，他直接拿了妻子的棉布围裙来擦桌子。因为害怕妻子责备他不拿抹布拿围裙，他就想把围裙弄干，假装一切都没发生过，于是就到厨房的火炉旁烘干围裙。没想到刚靠近火炉，"嘭"的一声，围裙就被烧得没影了，一切都发生得太快，甚至没有产生任何烟，没有留下任何灰。

舍恩拜在吃惊的同时灵光一现：这不就是可以用于炸药的新材料吗！经过反复实验验证，他将这个新材料命名为"火棉"，也就是现在的硝化纤维（也是之前讲到的赛璐珞的主要成分）。这是炸药工业的一个重要里程碑！过了几十年，法国化学家维埃利（P. Vieille）将硝化纤维制成胶质，再压成片状，切条干燥硬化，便制成了第一种无烟火药，其燃烧后没有残渣，没有或只有少量烟雾，却可使所发射弹丸的射程提高，弹道平直性和射击精度均有增强。

1847 年，意大利化学家索布雷罗（A. Sobrero）将装满浓硝酸和浓硫酸的混合液直接倒入一大杯甘油中，用力搅拌，突然"嘭"的一声巨

舍恩拜
（图片来源：https://commons.m.wikimedia.org/wiki/File:Christian_Friedrich_Schönbein.jpg）

响，这位科学家的手和脸都被炸伤了，整个容器也被炸得粉碎。所幸的是，经过一段时间的调理，他的身体痊愈了。但他还是十分好奇爆炸的原因，于是他和助手在严格防护条件下又重复了几次实验，结果每次实验都发生了猛烈的爆炸。但是将硝酸和硫酸混合均匀后，再慢慢滴入甘油中，注意，是边温和搅拌边滴入，却没有发生爆炸，而是产生了一种油状物。索布雷罗将这种油状物命名为硝化甘油。

硝化甘油的能量和威力到今天依然不过时，然而如何安全制造硝化甘油却是极大的问题。1859年之后，瑞典科学家诺贝尔（A. B. Nobel）和他的父亲及弟弟共同研究硝化甘油的安全生产方法，终于在1862年取得了突破，使之能够比较安全地成批生产。虽然解决了安全生产问题，但是在储存、运输过程中还是极容易发生爆炸，导致人员伤亡，所以是否继续使用硝化甘油在当时引发了巨大争议。

诺贝尔和诺贝尔化学奖

在一次事故中，诺贝尔的弟弟不幸身亡，他的父亲也受了重伤，周围的建筑也被损坏。之后，法国政府禁止他在陆地上进行实验。被逼无奈，诺贝尔只好租了一条船，在马拉伦湖上建起了新的实验室。经过长期艰苦的实验，诺贝尔发现，硝化甘油与硅土混合生产、使用和搬运更加安全，而且威力不减。后来，他进一步用木浆代替了硅土，制成了新的烈性炸药——达纳，"达纳"在希腊文中有"威力"的意思。1872年，诺贝尔又制得一种树胶样的胶质炸药——胶质达纳炸药，这是世界上第一种含有两种主要成分的炸药——双基炸药。诺贝尔并没有因为这些成就而终止他对炸药的探索。后来，他还制成更加安全而廉价的特种达纳炸药，又称特强黄色火药。诺贝尔的众多发明，使他无愧于"现代炸药之父"的赞誉。双基炸药是炸药史上非常经典的一个发明，其专利产生的巨额财富也奠定了诺贝尔奖的资金基础。

1863 年德国化学家维尔布兰德（J. Wilbrand）发明了 TNT（2，4，6- 三硝基甲苯），在当时这是一种威力很强而又相当安全的炸药，即使被子弹击穿一般也不会燃烧和起爆。它在 20 世纪初开始广泛用于装填各种弹药并进行爆炸，并全面取代了苦味酸。在第二次世界大战结束前，TNT 一直是综合性能最好的炸药，被称为"炸药之王"。

TNT 及其结构式

（图片来源：https://commons.m.wikimedia.org/wiki/File:Trinitrotoluen.JPG#mw-jump-to-license）

1899 年，德国人亨宁（G. F. Henning）发明了黑索金。黑索金可不是金子，它的化学名称叫环三次甲基三硝铵。在原子弹出现以前，它是威力最大的炸药，又被称为"旋风炸药"。在第二次世界大战之后，它取代了TNT 的"炸药之王"的地位。

奥克托金为黑索金的同系物（说明它们各种元素所占的百分比是一样的）。奥克托金是在黑索金的生产中费了老大劲才成功被分离出来的，是现今军事上大量使用的综合性能最好的炸药。通常用于高威力的导弹战斗部队，也用作核武器的起爆装药和固体火箭推进剂的组分。

1987 年，美国人尼尔森（A. Nielson）合成出新型高能炸药六硝基六氮杂异伍兹烷（CL-20），是目前已知能够实际应用的能量最高、威力最强

黑索金和奥克托金的分子式   CL-20 的分子式

大的非核单质炸药，被称为第四代炸药，也被誉为"突破性含能材料"，是一种划时代的全新高爆军用炸药，在世界火药炸药学界闻名遐迩。它的分子结构看着就像要爆发的样子！

黑火药是中国的四大发明之一，但是把黑火药的精髓发扬光大的，却是从工业革命开始科技飞速进步的欧美国家。中华人民共和国成立后，在"两弹一星"工程及此后的几十年中开展了大量炸药的研制与生产工作，中国科学院、兵器集团、中国工程物理研究院、航天科技集团、北京理工大学、南京理工大学、中北大学等都研制了大量新型炸药。现在，我国炸药的研究实力和应用水平已走在世界前列。

各类武器火力系统完成弹丸发射，都离不开炸药。炸药还是实现火箭、导弹运载的动力能源，也是战斗部进行毁伤的能源和各种驱动、爆炸装置的动力，是武器装备实现远程发射、精确打击、高效毁伤的重要保障。因此，炸药是海、陆、空各类武器系统不可缺少的重要组成部分，是国家的重要战略物资。

除了军事上的应用，在机械加工和工程施工、采矿和爆破、地质勘探等活动中，都有炸药的身影。甚至汽车的安全气囊，也是利用了炸药的爆炸现象。安全气囊主要由传感器、微处理器、气体发生器和气囊等部件组成。传感器和微处理器用以判断撞车程度，传递及发送信号；气体发生器根据信号指示产生点火动作，点燃固态燃料并产生气体向气囊充气，使气囊迅速膨胀，以保护乘车人安全。

推进剂作为炸药家族的一大类，可以应用在发射人工降雨火箭、打开或关闭宇航装置的舱盖、打开安全通道、将重要的部件或人员推送到安全位置（如飞机上的弹射座椅）等。推进剂的发展和应用，也是很有意思的。

嫦娥奔月，靠的是"仙药"，而在没有"仙药"帮助的神话世界之外，升空则需要"推进剂"这种特殊的"药"燃烧释放能量，才能克服地球的引力。明代的万户（本名陶成道）在人类史上首次利用风筝（翼）和黑火药火箭（主动力）进行了飞天的尝试，对比现代航天飞机（翼）和两个大型固体助推器（主动力），万户的飞天壮举真是勇气可嘉！

航天发展，动力先行；动力发展，推进剂先行；推进剂发展，合成化学先行。在现代合成化学等学科的帮助下，在 20 世纪人类就已经可以批量合成氧化剂、炸药、金属粉、黏合剂等固体推进剂原材料，也可以很容易地制备煤油、酒精、肼、四氧化二氮、液氢、液氧等液体推进剂。有了这么多的推进剂及推进剂用的关键原材料，人类飞天的大幕就拉开了。

1896 年，俄国科学家齐奥尔科夫斯基（K. E. Tsiolkovski）发表了里程碑式的论文《用火箭征服宇宙》。1926 年，美国的戈达德（R. H. Goddard）研制了第一枚液体推进剂火箭并成功地实现了飞行，而德国的

推进剂应用于火箭动力

布劳恩（W. von Braun）研制并发射了 V–II 导弹，此后以美国、苏联为首，很多国家都研制了很多新型液体或者固体火箭。值得一提的是，我国在 20 世纪 60 年代的"两弹一星"工程中就发射了运载火箭并成功地释放了"东方红一号"卫星。进入 21 世纪后，我国的"神舟"载人飞船和嫦娥探月工程取得了举世瞩目的成就。

大型火箭发动机用的推进剂好不好，首先要看化学推进剂能量高不高。目前卫星、飞船、导弹、火箭、空间飞行器上几乎都在应用化学推进剂，像污染比较大的核推进、能量比较低的冷气推进和推力作用不大的电推进等目前国际上应用很少。

化学推进剂在火箭发动机中会发生剧烈化学反应，所变成的高温高压气体喷出后就产生了飞行的动力。推进剂有很多种类，例如卫星、飞船这类空间飞行器在地球旁边运行，用能量较低的推进剂就可以了，但是要去探月、登火星甚至飞出太阳系，就得用更加强劲的高能量液体推进剂。

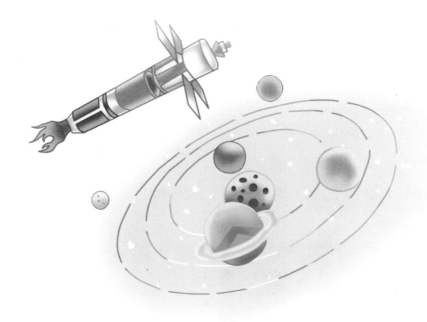

　　加满一箱汽油后驾驶汽车旅行的时候，汽油的能量越多就可以走到更远的地方，"星船弹箭"同样也希望自己的储箱里的推进剂能量越高越好。从化学角度看，推进剂的能量高一方面要求推进剂在发动机里燃烧产生的热量多，另一方面也需要燃烧同时产生的气体量更大。

　　虽然现在人类已经可以合成多达几千万种化学物质，但是拿能量高、使用安全、易点燃等应用要求来衡量时，可用的液体推进剂却只有 10 种左右。从存放条件看，一类是在室温条件下可以长期存放的肼类、煤油和四氧化二氮等，另一类是只能低温储存的液氢、液氧、液化气、液氨等推进剂。

　　剧毒的肼类液体燃料在室温条件下可储存、易点燃，在过去 60 年中广泛应用于火箭助推发动机、在太空工作的空间发动机。但是随着人们环保意识的提升和科技的发展，新的"星船弹箭"不应该再用剧毒且能量比较低的肼推进剂，追求更高能量和更绿色的可储存推进剂是全球航天研究的长期目标。

　　新的绿色高能推进剂听起来是很复杂的材料，但它的配方却并不复杂：比如，推动小卫星在太空转动拍照的小推力无毒发动机，它用的硝酸羟胺基推进剂的基础配方就是一个"盐 + 酒 + 水"的三组分：由化学合成的含能离子盐硝酸羟胺（氧化剂）、燃料醇和水组成。在有特殊要求的情况下，还可以再合成一些易溶解的小分子性能调节剂加入配方。再如，火箭的大推力无毒发动机用的燃料能量还需要再提高，合成化学家正在考虑合成张力能高的有机小分子，这样一来在氧化剂与燃料通过燃烧反应放出能量的同时，燃料中蓄积的张力能也会释放出来，这样就可以"百尺竿头，更进一步"了。

　　21 世纪航天的最高目标是什么？可能是乘坐火箭去"终老于火星"，也可能是乘坐"准光速飞船"横穿银河系。随着合成技术的发展，更好的新材料和新的高能液体推进剂，能帮助你首先实现去月球旅行的"小目标"。

2.3 有机功能材料

　　材料是人类文明的物质基础，人类社会每一次科技革命都与新材料的发现和利用密切相关。新材料涉及领域广泛，一般指新出现的具有优异性能和特殊功能的材料，或是传统材料被改进后性能明显提高和产生新功能的材料。新材料中有一类材料被称为前沿材料，指以基础研究为主、未来市场前景广阔、代表新材料科技发展方向、具有重要引领作用的材料。

　　例如，有机导电材料就是一类重要的前沿材料。长期以来人们普遍认为有机物是不导电的，因此有机物被广泛用作绝缘材料。直到20世纪70年代，艾伦·麦克德尔米德、艾伦·黑格尔和白川英树等科学家共同发现：对聚乙炔分子进行掺杂可以使其变成优良的导体，从而拉开了导电高分子和有机半导体技术研究的序幕。这三位科学家凭借该项重大发现获得2000年诺贝尔化学奖。有机导体或半导体功能分子从本质上讲是一类有机色素，具有多彩的颜色，其分子结构一般含有共轭 π 键和发色基团，在紫外光谱区、可见光谱区和红外光谱区具有光吸收能力，有些材料同时能发射荧光或磷光。

　　在本节中，主要介绍几种重要的有机功能材料，包括大放光彩的有机显示材料，拥有独门绝技的近红外材料，智能的电致变色材料，大显神通、干净利落的光伏材料和神奇的手性材料。这些材料大都属于前沿材料，其中部分材料已得到商业化使用，更多的材料则有望在不远的将来得到应用，逐渐步入人们的生活。在材料创制和发展的过程中，合成化学贡献着不可或缺的力量。

大放光彩的有机显示材料

有机化学是化学的核心学科之一，主要研究含碳化合物的来源、制备、结构、性质及应用，以及与之相关的理论和方法学问题。有机化学又是创造新物质最为活跃的学科，在迄今已知的数千万个化合物中，绝大多数属于有机化合物。有机化学与生命科学紧密相关，同时有机化学对于有机新材料的发展至关重要，这里以显示材料为例作简要介绍。

有机合成化学所创造的有机小分子液晶材料已广泛应用于电视、电脑、手机等显示屏幕，使得液晶显示器（LCD）成为现在以及今后相当长时间内的主流产品。曾经盛行半个世纪的基于阴极射线管（CRT）技术的"大背头"电视机已逐步淡出历史舞台，即便是后来发展的等离子体电视（PDP）也不敌 LCD，败下阵来，足见有机小分子液晶材料的威力。因此，有机化学对于显示科技和产业的发展起到了举足轻重的作用。这里需要指出的是，从 1888 年液晶的发现到 1988 年第一台薄膜晶体管（TFT）彩色液晶电视机的出现，历经了整整 100 年。可见，一类新材料从基础研究到商业化应用通常要经历一个漫长的过程，需要一代甚至几代科技工作者的不懈努力。然而，新材料所带来的经济效益是不可估量的，对人类生活的改变是革命性的，历时百年发展的液晶显示材料就是最好的例证。

液晶显示目前处于垄断地位，但也面临着新型显示技术的冲击。由美籍华裔科学家邓青云于 1987 年发明的有机发光二极管（OLED）将有望带来新的显示技术革命。OLED 被称为"梦幻显示器"，与 LCD（需要背光

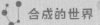
源）相比，OLED 具有全固态自发光的特性，不需要背光源，具有对比度和亮度高、可视角度大、响应速度快、轻薄、可实现柔性化、功耗低等优点，目前已成功应用于智能手机屏幕，大屏幕的 OLED 电视机也已上市，OLED 的应用领域不断扩大，大有取代 LCD 的趋势。

目前，蓝色有机发光材料发展滞后是制约 OLED 在显示和照明等领域发展的瓶颈。鉴于有机化学创造新物质的特点，其将在 OLED 等领域大有可为，创制新型高性能有机发光材料，为 OLED 真正实现产业化提供原始动力。

拥有独门绝技的近红外材料

在反映美国海军海豹特种部队的电影中，军迷们看到了美军特种兵使用的一款四目夜视仪。这种军用夜视仪实际上是一款红外夜视仪，是一种利用光电转换技术的军用设备。想要了解红外夜视仪的原理，就必须对光有所了解。

在日常生活中我们可以看到五颜六色的光，我们称之为可见光。光是一种电磁波，每一种颜色的光都有一定的波长和频率。光波的能量大小与其波长有关：波长越短，能量越高。在可见光中，紫光的能量最高，而红光的能量最低。与红光光谱相邻的是红外线光谱。而近红外光是介于可见光和中红外光之间的电磁波。近红外区域是人们最早发现的非可见光区域，近红外材料通常指能与近红外光相互作用（如吸收或反射），或在外界刺激下（如光激发、电场作用及化学反应等）而发出近红外光的一类物质。近红外材料在有机太阳能电池、光探测器、生化检测、生物特征识别及医学治疗等领域展现了广阔的应用前景。例如，夜间可见光很微弱，但人眼看不见的红外线却很丰富。利用近红外材料开发而成的红外夜视仪可以帮助

人们在夜间进行观察、搜索、瞄准和驾驶车辆；利用近红外人脸识别技术的机场航站楼自助通关系统，能够通过对面部及指纹的识别，将出入境时边防检查的时间大大缩短，不仅可以减轻机场滞留的困扰，也为出入境安检提供保障。这些应用给我们的生活带来了诸多便利。

近红外材料包括无机近红外材料和有机近红外材料。相比于无机材料而言，有机近红外材料的种类更为丰富，其应用范围也是多种多样的。例如，近红外吸收的材料可用于近红外光探测，实际上红外夜视仪是红外光电探测器的一种具体应用；在医学应用中，近红外染料复合制得的纳米颗粒已被用来作为光动力疗法的光敏剂用于治疗癌症。

合成化学最显著的特点就在于它具有强大的创造力，不仅可以制造出自然界中已存在的物质，还可以创造出具有理想性质和功能的、自然界中并不存在的新物质。在诸多领域具有广泛应用的近红外材料尤其是有机材料的开发制备，自然离不开合成化学这一强大工具。随着合成化学的不断

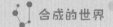

发展，越来越多的近红外新材料会被开发出来，相信这些近红外新材料一定能够为我们的生活带来便利。

智能的电致变色材料

在生活中，人们希望居住的室内环境能够在炎热的夏季保持凉爽，在寒冷的冬季保持温暖，而不需要借助于消耗大量电能的空调设备；在战争中，士兵们希望身上的迷彩作战服能避开红外探测、微光夜视、多光谱遥感和激光探测等现代技术手段的侦察，而且能够在不同季节和地区随着自然环境有效地隐蔽，提高自身生存和作战能力。要满足这些需求就不得不提到电致变色材料，电致变色指材料的光学属性在外电场的作用下，通过注入或抽取电荷（离子或电子），在低透射率的着色态和高透射率的消色态之间产生稳定、可逆变化的特殊现象，在外观上则表现为颜色及透明度连续可调的变化。

电致变色材料可分为两大类：一类是无机电致变色材料，另一类是有机电致变色材料。1973年，德布（S. K. Deb）首先发现了无机材料三氧化钨在外电压作用下的电致变色现象，并提出了"氧空位色心"机理来解释这一现象，人们从此展开了对电致变色现象的研究。目前正在发展的典型无机电致变色材料主要有过渡金属氧化物、普鲁士蓝、杂多酸等。随着科学家的探索和研究，1987年，美国的镜泰公司将电致变色技术引入到人们的生活中，该公司开发了基于有机电致变色材料的自动防眩汽车后视镜。早期，这种自动防眩汽车后视镜只配备于一些高档豪华汽车中，随着制造成本降低，现在它已成为许多汽车的标准配置。相比于无机电致变色材料，有机电致变色材料具有材料种类多、易于化学改性、响应速度快、颜色变化丰富、易加工、成本低廉等优点。近年来，基于有机电致变色材料的研究已经取得了长足的发展，有机电致变色材料包括有机小分子和聚合物两种类型。其中有机小分子电致变色材料主要包括四硫富瓦烯、紫罗精、金属酞菁、三苯胺及其衍生物等；聚合物电致变色材料相对于有机小分子电致变色材料更为丰富，主要有聚苯胺、聚吡咯、聚噻吩、聚呋喃、聚咔唑等。如图所示，代表性的有机小分子紫罗精中性化合物为浅色透明态，随着施加电位的提高，中性态结构逐渐向部分氧化态转变，生成的单价阳离子颜色最深（蓝色或深红色），其进一步氧化，产生稳定的二价阳离子形式，呈现无色透明态，整个电致变色过程是可逆的。

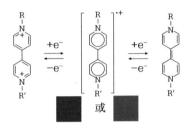

蓝色或深红色取决于R和R′基团
紫罗精

典型的有机电致变色材料及其变色示意图

有机电致变色材料虽然取得了长足的发展，但仍然面临一些挑战，例如，有机电致变色材料的抗辐射能力和化学稳定性相对较差，亟须解决。相信合成化学可创制更多综合性能优异的有机电致变色材料，满足人们对智能电致变色材料的需求，并带来美好的生活体验。

大显神通、干净利落的光伏材料

随着社会的不断发展，人类对能源的需求也不断增长，传统化石能源如石油、煤等的日趋减少已经难以满足人类的需求，而且大量使用化石燃料带来了严重的环境污染。为了更好地解决能源危机和环境问题，人类迫切需要开发可以持续使用的清洁能源。太阳能是最重要的清洁能源之一，太阳能指太阳内部氢原子发生核聚变释放出的巨大辐射能量。因为太阳质量很大，因此太阳能对于人类而言可谓"取之不尽，用之不竭"。大家一定很好奇，我们该如何利用太阳能呢？我们知道植物通过光合作用吸收二氧化碳，释放氧气，能把太阳能转变成化学能在体内储存下来。现在人类利用太阳能主要有光热转换和光电转换两种方式，太阳能的光热转换技术已经非常成熟，以太阳能热水器为代表的工业化产品已经进入了千家万户，给人类的生活带来很多便利。半个多世纪以来，人类在太阳能的光电转换方面也取得了很大的进步，先后发明了无机太阳能电池和有机太阳能电池等。

目前已经商品化的太阳能电池主要是无机太阳能电池，它们依靠硅或稀有金属合金等无机材料把太阳能转换成电能，如硅基薄膜太阳能电池和铜铟镓硒薄膜太阳能电池。但是这些无机材料其生产过程污染严重、成本昂贵，电池制备工艺复杂且电池较脆弱，限制了无机太阳能电池的广泛应用。

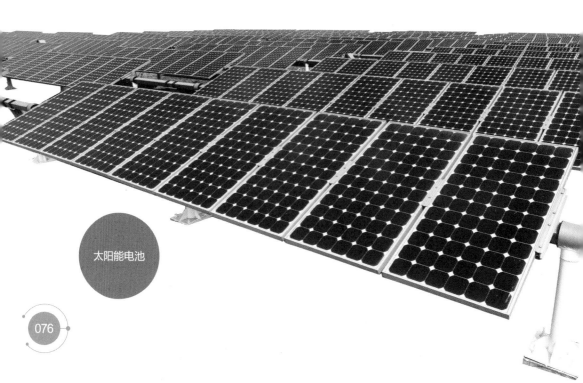

太阳能电池

大约在 20 世纪 90 年代，科学家将化学合成的有机半导体材料应用到太阳能电池中，发展了有机太阳能电池，相比于无机太阳能电池，有机太阳能电池具有柔性好、质量轻、可大面积制备、制作工艺简单等突出的优点。合成化学在太阳能电池材料的发展中起到至关重要的作用，在合成化学的基础上，人们设计合成了系列高性能有机光伏给体、受体材料。例如，通过格氏置换法合成的立构规整的聚 3-己基噻吩是经典的有机太阳能电池给体材料，采用亲核取代反应合成的富勒烯衍生物 PCBM 是经典的有机太阳能电池受体材料。

我国幅员辽阔，具有丰富的太阳能资源，在太阳能电池领域的发展也是日新月异，在无机太阳能电池领域，我国是硅基太阳能电池组件的最大生产国。而在有机太阳能电池研究领域，我国学者更是独领风骚。例如，我国学者发展的一类有机光伏受体材料 ITIC 及其衍生物，其构筑的有机太阳能电池能量转化效率已为 15% 左右，显现出良好的商业化前景。

神奇的手性材料

如果你仔细观察过你的双手，你会发现你的左手和右手看起来似乎一模一样，但无论你怎样翻转，它们在空间上都无法完全重合，但当你把左手放在镜子前面，你会惊讶地发现你的右手却和镜子里的左手长得完全一样。没错，我们的左手与右手实际上是互为镜像的，但遗憾的是它们之间永远无法完全地重合在一起。科学家给这类有趣的性质取了一个非常形象的名字——手性。

手性其实是一种广泛存在于大自然中的重要性质。简而言之，如果一个物体不能与它的镜像相重合，那么这样的物体就具有手性。实际上，自

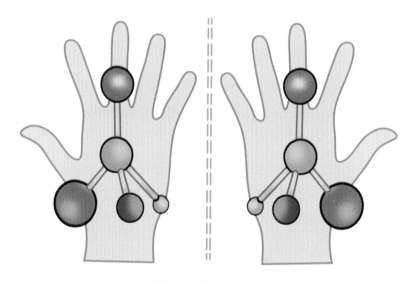

呈镜像关系的左手和右手

然界中的很多事物都具有手性，从天然小分子氨基酸、糖类到大分子蛋白质、遗传物质 DNA，再到我们看得见的物体，如人的手和海螺的螺纹，甚至浩瀚宇宙中的旋涡星云。手性材料影响着我们生活的方方面面，它不仅推动了生物医药、物理学和化学的发展，也在材料科学领域发挥着举足轻重的作用。

手性材料，顾名思义，是一类具有手性特征的材料，大致可分为手性无机材料和手性有机材料两大类。手性材料通常具有普通材料不具备的特殊性质和功能，因而在许多领域都发挥着不可替代的作用。例如，我们知道构成生命体的基本物质（如蛋白质和 DNA）大都是具有手性的，而这恰好为手性材料在生物医学领域的应用提供了大显身手的"舞台"。手性水凝胶是一类能够吸收自身体积几十甚至几千倍水的手性软材料，它具有特殊的物理化学性质和生物兼容性，手性水凝胶不仅可用于手性药物和基因的体内传输，还作为最好的三维仿生细胞基质之一，被应用于人体组织和细胞的培养。

除了在生物医学领域，手性材料在显示领域也有巨大的应用价值。你一定想不到我们每天都在使用的液晶显示器中的液晶其实就是一种手性材料，科学家将这类具有手性的液晶称作胆甾相液晶。这是因为奥地利科学家莱尼茨尔（F. Reinitzer）正是在研究手性胆甾醇酯类化合物时首次发现了这类液晶。此外，手性发光材料有望在未来实现裸眼3D技术，这意味着将来我们不需要戴3D眼镜也可以享受三维的视觉体验。不得不说，手性材料让我们的生活变得更加多姿多彩了。

上面提到的无论是手性水凝胶、胆甾相液晶还是手性发光材料，实际都属于手性有机材料，而这些手性有机材料大多是由手性分子构成的，因而为了制备这些具有强大功能的手性材料，化学家需要首先合成出相应的手性分子，然后再将其加工成具有特定功能的手性材料。说到手性分子的合成，其实手性材料本身就可作为一种催化剂来帮助化学家更方便、高效地合成手性分子。

相信随着手性材料的不断发展，它们在未来会表现出更广泛的用途和更强大的功能，从而进一步造福人类。

2.4 材料科学与氟结缘

聚四氟乙烯是最为常用的含氟聚合物，其优良的耐热、耐腐蚀特性使其被称为"塑料王"。而随着科技的发展，含氟材料的应用已经深入到我们身边的各个方面。相信你已经对这些独特性质产生了兴趣，而这些性质是氟原子独特的个性所决定的。

一个脾气火爆又异常冷静的元素

氟是电负性最大的元素。电负性是表示原子得失电子能力的一个物理参数。电负性大的原子具有强烈的抢夺电子的能力，电负性小的原子更倾向于在和其他元素结合时给出电子。俗话说"一山不容二虎"，像氟这样对电子具有强烈需求的原子自然不愿和其他高电负性原子（如氧原子、氯原子）共享电子，所以它们之间的"结盟"很不牢靠，遇到富含电子的物质，"结盟"立刻土崩瓦解。氟与碳这种电负性小的元素却是绝配，完美地满足了氟对电子的需求，形成有机化学中最强的共价键，确保含氟化合物的高稳定性。同样由于氟对电子执着的"追求"，可以近乎完全阻止其他物质抢夺电子，这就造就了含氟有机化合物的抗氧化性（氧化的过程伴随着失去电子，而氟不让别的物质抢夺电子）。

科普漫画：聚四氟乙烯

一个不受环境影响的"隐士"元素

　　氟原子高电负性带来的另一个特点是电子都被氟原子核牢牢地束缚着，不易受到环境及电场的扰动。这种特性使含氟化合物像一位隐士一样不与外界其他物质互动。含氟化合物喜欢独来独往，不愿与水、油等物质"来往"，造就了其防水、防油和润滑等特性。即使周围电场、磁场交替变化，含氟化合物也能心若止水，这就使其具有很好的低阶电、低折光等特性。

　　尽管这个有趣的氟元素有些古怪，但通过不懈的探索，我们一定会更加了解氟元素的"脾气"，使其不断在材料领域为我们不断创造惊喜。

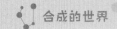

气体神秘消失与塑料王的发现

现在具有抗黏附性能的涂层应用已经很广泛。最常见的例子便是厨房炒菜的不粘锅表面上有一层叫聚四氟乙烯的含氟聚合物。由于其超强的防水、防油、耐高温等特点，被称为塑料王。聚四氟乙烯的发现具有一些偶然性，关于它还流传着一个来自美国杜邦公司的故事。当时有一个科学家名叫普朗克特（R. J. Pluckett），有一天他要使用四氟乙烯气体，发现一瓶存有四氟乙烯气体的钢瓶突然没有气体释放出来了，这时他称量了钢瓶的质量，发现钢瓶的重量却没有变化，质量并不是空钢瓶的质量。究竟有什么东西在钢瓶内部而没有逸出呢？为了弄清这个奇怪的现象，锲而不舍的普朗克特用锯子割开了这个钢瓶，结果发现里面充满了白色粉末，即聚四氟乙烯。这一不经意的发现大大促进了含氟聚合物的研究，也使材料科学与氟结下不解之缘。

含氟 O 型圈与航天飞机空难

浩瀚的太空中有什么呢？人类对宇宙的好奇心驱使人们创造了航天飞机。但 30 多年前美国却发生了人类航空史上一个重大的悲剧。1986 年 1 月 28 日，"挑战者号"航天飞机升空不久便发生爆炸，执行任务的 7 名航天员全部罹难，调查小组立刻调查事故原因。是发动机故障码？还是操作系统出现了问题？抑或是航天员的操作失误？调查员在分析了 200 多段影像资料后发现，在火箭发射 2 秒后，有一团黑色烟雾从右推进器后方冒出，这个位置和燃料槽很近，所以最终确定是助推器中起密封作用的 O 型橡胶圈失效，造成燃料泄漏起火燃烧。

原来橡胶在汽车、轮船及飞机等交通工具中起着至关重要的密封作用。发动机部位工作时的温度很高，为了将气缸的往复活塞运动转变成汽车运行所需的旋转运动，需要依靠一种叫曲柄连杆的部件驱动车轮转动。这个部件需要泡在高温的润滑油中高速旋转，为了防止油的渗出，要求起密封作用的橡胶材料具有优良的耐热、抗氧化及耐油等特性。如果采用一般的橡胶材料来制作，或是工作温度不够高，或是在高温时容易老化损坏，或是在油中发生溶胀变形从而无法适应工作条件，只有含氟的橡胶材料才能同时满足这些性能要求，保证密封材料长期在苛刻条件下稳定工作。由于含氟橡胶出色的抗油性，它也被用于制作输送燃料的软管，由于燃料很难透过含氟橡胶，这样挥发性的燃料就不会扩散到空气中，为环境保护做了很大的贡献。

"挑战者号"中所用的 O 型密封圈就是利用含氟橡胶制作的，它是以偏氟乙烯为单体原料和其他含氟烯烃单体共聚得到的具有优良力学性能的弹性体。尽管这个材料具有上述的耐油及耐高温特性，但其耐低温的性质却较差。在较低温度下，这种材料容易发生硬化，使其不能在压力下快速形变，从而失去密封效果。根据调查，"挑战者号"发射前，由于种种原因已经 5 次推迟发射，而在 28 日发射当天，尽管温度很低且发射塔上覆盖了冰雪，美国国家航空航天局（NASA）依然选择坚持发射，最终造成惨剧。

你一定注意到了，在冷冻的条件下，很多软的东西都会变脆。这里面的科学原理是什么呢？我们都知道水有气、液、固三种状态，可以根据温

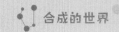

度变化相互转换。聚合物也存在不同的相态,虽然它们不能气化,但是和一些小分子如水分子相比,另一个不同点是它们在融化之外还存在更为复杂的相态变化。在低温时,聚合物一般是硬而脆的,主要是因为周围环境提供的能量不足以让聚合物的链段进行较大范围的运动。当温度升高时,聚合物链开始具有足够的能量并发生运动,材料开始表现出类似于橡胶的性质,发生这种状态转变的温度为玻璃化转变温度。当材料的温度高于这个温度时,内部分子链存在一定的流动性,从而可以比较容易地发生形变,表现弹性;当材料的温度低于这个温度时,分子链的运动受阻,材料就会变硬变脆。在生活中你可能见到过各种小动物形状的麦芽糖,稍微将糖加热,糖就可以变软,这时可以塑造各种形状。糖冷了之后就变硬变脆,形状就固定了,一幅幅糖画便制作完成。如果对造型不满意,还可以进行多次软化、冷却。我们的聚合物材料在加工过程中也经历了类似的相态变化。

"挑战者号"失事后,航天飞机密封圈供应商改良了设计,添加了加热单元,在低温时可以自动加热,很大程度上降低了密封圈失效的可能性。实际上,生产耐低温的氟橡胶是从根本上解决这一问题的关键。中国科学院上海有机化学研究所的研究人员已经把氟橡胶的工作温度降到 -50℃,这个成果着实厉害!

防水透气的膨化聚四氟乙烯

你穿过传统的雨靴吗?那是用不透气的橡胶制成的。虽然能够防水,但是散热透气性却不佳。进入屋内不一会儿,你的脚可能就会变得又热又潮,非常难受。这主要是由于传统防水方法需要将材料做得致密,阻断水滴的通过,但这种设计却影响了气体的扩散及热量的传递,穿着舒适性也就跟着大打折扣。

　　实际上，既防水也透气的鞋子已经被发明出来了，所采用的材料就是一种叫聚四氟乙烯的含氟聚合物。前面提到，含氟的材料一般都有耐油的特性，其实含氟聚合物的耐水性更佳。这主要是由于含氟材料具有非常低的表面能，和水分子之间的作用力非常低，远小于水分子自身的相互吸引力。在这样的材料表面，水就成为一颗一颗珠子滚来滚去而不能浸润或透过表面。我们平时用的不粘锅的表面涂层也是用的这种物质，很容易清洁。荷叶的表面也有同样的性质，可以储存很多水而不透过叶片，叶片抖动时，水就很容易地滑落。具有这样性质的表面被归为超疏水表面，能起到很好的防水效果。根据材料表面水滴的状态就可以判断材料是亲水还是疏水。大家在平时饮水时可能会注意到，玻璃水瓶中的水一般是在玻璃表面形成一层均匀的水膜，而塑料水瓶中的水常常聚成水滴。这就是因为玻璃瓶的表面是亲水的，而塑料瓶的表面一般是疏水的。

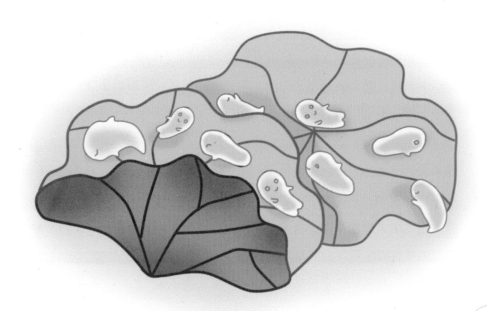

防水的问题解决了，那如何透气呢？人们发现，把聚四氟乙烯在一定的条件下反复拉伸并加热定型就可以得到很薄的膜材料。用这种方式加工的聚四氟乙烯被称为膨化聚四氟乙烯，这种膨化聚四氟乙烯膜具有非常多的孔，孔的大小相当于一般水滴的 1/20000，比水汽分子大 700 倍。这样液态的水滴就不能渗透进这层薄膜，只能滚落，而气体分子却可以自由地通过。当你穿着这样的鞋子走在大街上就不用担心鞋子被淋湿，而回到教室里，水汽也可以从鞋子里渗透出去，不会让你感觉不舒适。由于性能优异，这种材料已经在冲锋衣的户外运动服装中得到广泛的应用。由于这层多孔膜的孔径非常小，使其具有很好的防风特性，这样穿着者在恶劣条件下也能保持适当的体温。

化工厂爆炸与含氟水成膜灭火剂

化工厂爆炸了，油罐一个个着起火来，消防员拿着水枪奋力地扑灭大火。你一定知道平常居民楼着火了，用水灭火是可以的，但是在油着火的时候，如果用水灭火，水沉到油的下面，带着油到处流动，这将适得其反，使火势更大，烧的范围更广。因此，我们扑灭油类物质着火时，通常不能用水。那么我们一开始描述的那一幕是不是错了？消防员拿着水枪灭火，会不会越救越旺？实际上，这里消防员用的水不是普通的水，而是添加含氟表面活性剂的水，即水成膜灭火剂。这种喷出的灭火剂会在油性物质表面形成一层膜，迅速地在油面全方位铺展开来，隔绝了油和空气的接触。同时生成的大量泡沫中含有水分，在热油中气化产生的水蒸气同样有降温和隔绝空气的作用。由于表面能低于油的物质才能有效地在油表面形成膜，所以通常只有利用含氟表面活性剂才能做到这一点。同时，含氟物质的一

种重要特点就是本身很难燃烧，因此常常被用于难燃材料的生产中。这种难燃特性也是含氟灭火剂的一个优势。我国是石油使用大国，每年要使用6 亿吨石油。所衍生的石油产品遍布在化工厂、人群密集的交通枢纽及全国的加油站中，如果一旦发生火灾，就会造成重大损失。这时就需要这些含氟的水成膜泡沫灭火剂来保障我们生活生产的安全。

手机贴膜真浪费

洗衣服的时候，需要放一些洗衣粉。洗衣粉会在水中形成胶束，外侧亲水，内侧亲油，这样就把不溶于水的脏东西包在了里面。由于外层是亲水的，这些包裹脏东西的胶束很容易分散在水中，在洗涤的过程中得以去除。其实除了衣物，各种表面都可能沾上污渍。随着智能手机的出现，触摸屏已经十分普及了，随之出现的一个问题就是屏幕常常会沾满指纹。这些指纹的成分十分复杂，有表皮、真皮分泌物及一些手接触到的外源性物质。这些物质除了水，还有很大一部分是亲油的物质，粘在屏幕上不仅影响美观也使画面变得模糊不清。大家可能已经发现有些手机的屏幕很容易清洁，用布轻轻一擦，脏东西就消失了。这里，我们没有用肥皂水，布上也不需要有类似肥皂的东西，就可以轻易地清洁屏幕的表面。这是由于屏幕的表面经过特殊的处理，包覆了一层具有防污功能的抗指纹膜。这层抗指纹膜的主要成分是硅氧烷修饰的含氟聚醚，硅氧烷和玻璃表面有很强的作用，可以将含氟聚醚固定在玻璃表面形成一层非常薄的膜。这层膜具有非常低的表面能，既不亲水，也不亲油，因此对油污等脏东西的附着力非常低，用布轻轻一擦就能把指纹擦掉。全氟聚醚也具有奇好的滑动性，确保我们在手机上的各种操作变得更为顺畅。同时，这层膜还具有很好的耐磨性及优良的透光性，让我们无法感知到这层膜的存在。因此，很多手机屏幕不需要贴膜。这些膜虽然保护了屏幕不被划伤，但却失去了这层抗指纹膜的独特功用。

钓鱼丝，水处理膜和高保真音响

乍一看这个标题是不是觉得有点怪？这三个东西有什么关系吗？其实，这三个看似毫无联系的东西却被一个神奇的含氟聚合物联系在一起，这种材料叫聚偏氟乙烯（PVDF）。乙烯分子的一侧被两个氟取代，另一侧不变，就得到这种聚合物的单体偏氟乙烯。这种部分含氟材料仍然保持了含氟的材料的高稳定性，但独特的结构又使其具有一些特别的性质。

首先，偏氟乙烯可以溶解在溶剂中，很方便地进行加工。利用这种材料制作的纤维具有很高的强度，不会在鱼儿上钩之后被拉断。其次，氟的存在使其吸水率很小，长期放在水中也不容易发生溶胀变形。同时由于氟比碳氢等元素重得多，这种聚合物的密度较大，相比其他纤维材料更容易沉入河底。最后，含氟物质具有比较低的折射率，使其在光学器件制备中应用广泛。例如，光纤一般是由高折射率的芯和低折射率的包覆材料组成的。光信号在光纤内部传输时，由于材料折光率的差异，多数光会在两种材料的界面处发生反射，减小信号损失。与无机光纤材料相比，有机含氟的材料柔韧性更好，重量轻，抗辐射性能也更为出色。同时，由于氟的存在，有机光纤稳定性较差的问题得到了很好的解决。这种低折射率的特点用在钓鱼中的一个可能的好处就是，氟的存在使聚偏氟乙烯的折射率更为接近水，放在水中有更好的隐蔽效果。

利用特殊工艺处理聚偏氟乙烯的溶液，可以制备具有微孔的聚合物薄膜，用于污水处理。前面提到膨化的聚四氟乙烯膜也有很多孔，但它的表面亲水性太差，水分子很难通过，必须对表面进行复杂的改性。而部分含氟的聚偏氟乙烯由于分子链中氢和氟的交替排列，使其具有较高极性，透水性更好。这些薄膜上的孔可以小至几纳米，利用尺寸的筛分作用可以把细菌、病毒及颗粒物阻挡在外，仅让水分子通过，从而起到净水的效果。聚偏氟乙烯也被广泛用于制作水管，它具有比不锈钢更低的摩擦系数，可以确保水流的高流速从而防止细菌黏附与生长，时刻保卫人们的健康。聚偏氟乙烯的易加工性使其可以和其他的聚合物混合。添加它的涂料，涂层可以任凭日晒、风吹和雨打，具有很好的耐久性。

经过特殊工艺处理，聚偏氟乙烯中分子链的极性单元的排列变得非常有序，呈现压电特性。压电性是将压力或材料的形变转化成电学信号的性

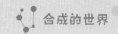

质。和压电陶瓷等无机材料不同，聚偏氟乙烯易加工的特点使其可以用于生产柔韧的压电薄膜。利用这种薄膜就可以实现声波与电信号的精确转化，用于制造高保真的耳机和音响。

不怕强碱与氧化的全氟离子交换膜

前面我们已经介绍了不少膜，有透气导热的，也有净水的。这里也有一种含氟膜，在氯碱工业中必不可少，它就是用于传递离子的全氟离子交换膜。在电解食盐水的过程中，电极一端产生氢气，另一端产生氯气，而在水中剩下的氢氧化钠，也就是我们平时说的烧碱。基于这一过程生产氯气和氢氧化钠被称作氯碱工业。产生氢气的一端为阴极，产生氯气的一端为阳极。为了保证产品的纯度及较高的能量效率，需要用一层膜将阳极和阴极分开，并仅允许钠离子选择性地向阴极迁移与氢氧根离子结合生成烧碱。这种离子交换膜中通常存在很多带负电荷的磺酸基团，基于静电排斥作用可以有效阻止阴离子穿过薄膜。在电解过程中，膜的一侧是高浓度的酸性盐水和氯气，另一侧是高浓度的氢氧化钠。这就要求膜材料不能有任何易于反应的位点。归功于全氟化合的高稳定性，基于全氟聚合物的离子膜才具有足够的稳定性确保生产的顺利进行。

太稳定所带来的环境问题

通过这些故事，我们已经了解了含氟物质通常具备的优异的稳定性。然而事情总有两面性，过于稳定也带来很多环境问题。长链全氟磺酸引发的问题备受关注。这类物质很重要的应用就是作为含氟的表面活性剂。它们在自然界中很难降解，即使在硫酸中煮上一天一夜也不降解。由于具有很好的脂溶性，这些物质会在食物链中传播，不断蓄积在高等生物的体内，就像在你的身体中埋入了一枚不知何时会爆炸的炸弹。因此，2009 年的《斯德哥尔摩公约》已经将全氟辛烷磺酸列为"持久性有机污染物"，说明它们引发的环境问题已经成为全人类面临的挑战。因此在追求卓越性能的同时，也要时时关注其对环境的影响，确保可持续发展。

CHAPTER 3

第 3 章 合成之愿

当我们寻求变得比现在更好的时候，我们周围的一切也将变得更好。从最初的炼金术士、炼丹师毫无目标的尝试，到现代化学家将合成化学发展成为一种创造新物质的手段，合成化学始终推动着科技的进步。

长久以来，化学化工的发展伴随着产率不高、能耗大、不环保的质疑，对化学家来说，解决这些问题的一个重要的灵感来源便是生物体。可以说，大自然最奇妙的发明就是生命，通过利用太阳能，地球孕育了丰富多彩的生物。而在生命体内部，时刻都发生着无数复杂的化学反应，这些反应高效且环保。因此，我们或许能从大自然的智慧中找到身边问题的解决方案。

3.1 分子机器和自组装

在日常生活中，我们都能够清楚地区分遇到的每个人，能够在很多人中认出自己的爸爸妈妈，知道天空是蓝色的，草地是绿色的，花朵是散发着香味的，并且对这些事情习以为常，但大家有没有想过我们究竟是怎么做到这些事情的呢？

其实，在这样一个看似简单的过程中，牵扯到一个重要的概念——识别。大脑能够将我们捕获的信息（比如看见的形象、听到的声音、闻到的气味）和相关的事物一一对应，经历了一个非常复杂的过程，所以如果想要通过人工设计去达到这一目的是相当困难的。

幸运的是，伴随着科技的迅速发展，各类与识别相关的技术逐渐走进大众的视野，走进大众的生活。比如，家里的密码锁能够准确识别家人的指纹，手机能够根据我们说的话识别出我们想要输入的文字，App可以通过我们上传的图片识别其中的内容等，这些都是识别在宏观世界的重要应用。

生活中的识别

当我们把视野缩小到微观的世界，识别同样是不可或缺的关键过程。比如，在组成大自然各种奇妙动植物的基本单元——细胞上，存在着各种各样的识别机制。我们每天会吃很多食物，但经过人体的消化后，最终只有一些对身体有用的营养物质通过身体的识别后被吸收，细菌和病毒等对我们有害的物质，会被识别为入侵物被排出体外或杀死。可以说没有识别，生命就无法在自然界中存在。识别如此重要，如果我们能够设计出合理的识别系统，将会对生活带来翻天覆地的变化。

化学家自然不会错过这样一个奇妙的领域。多年来，他们在分子尺度上研究了一系列有关分子间相互识别的例子和应用。

1967 年，美国杜邦公司的化学家佩得森（C. J. Pedersen）在实验中意外合成了一种类似皇冠形状的醚分子，于是将它起名为冠醚。这种分子

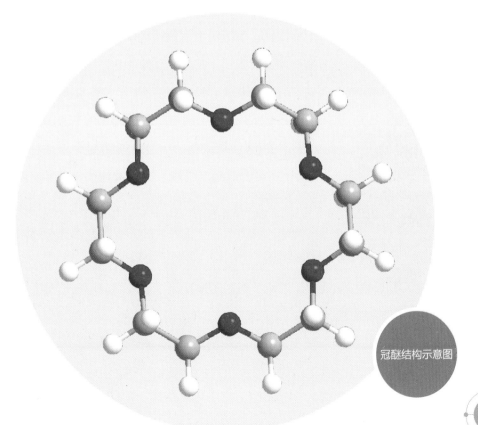

冠醚结构示意图

能够只让碱金属离子（钾离子 K^+、钠离子 Na^+ 等）进入"皇冠"并把碱金属离子牢牢地固定在"皇冠"的中心。冠醚和碱金属离子这种类似钥匙和锁的关系，可以说是第一例人工实现的识别，这一重要的发现，也让佩得森在 1987 年与其他两位化学家克拉姆（D. Cram）和莱恩（J. M. Lehn）共同被授予了诺贝尔化学奖。

分子层面上的识别作用，让化学家逐渐意识到了分子间作用力的魅力，并在此基础上发展了一个新的学科——超分子化学。在这其中，分子的自组装和分子机器是大家比较关注的两个方向，我们将分别用几个生动的例子，带领大家了解这两个复杂又富有魅力的领域。

自组装，顾名思义，是一个无序的系统在没有任何外界干预的情况下，由于其中个别部分之间的识别和互动，而形成一个有序系统的过程。这一过程听上去复杂，但实际上十分常见。举一个简单的例子，家里的炒菜锅，在没有加洗洁精之前，十分油腻，单纯用水很难将油洗掉。但一旦加入一些洗洁精，油渍就轻而易举地被冲去了。在这一现象中，炒菜锅内就发生了自组装的过程。洗洁精去污的主要成分是表面活性剂，它们的分子其实是一个个一端易溶于油脂而另一端易溶于水的棒状分子，在没有油污的水中，它们会自发地形成一种有序的被称为胶束的结构。当它被放进又有油又有水的环境中时，会努力地连接油与水这两个不相溶的部分，形成一个个包裹着油的小球，带着小油滴被水冲走。

科普漫画：表面活性剂

洗洁精去油污的现象，说明了巧妙的设计可以让我们利用自组装为生活带来便利，但自组装能够带给我们的远远不止这些。在 2005 年，为了庆祝《科学》杂志创刊 125 周年，杂志社征集了 21 世纪需要解决的 125 个最重要的科学问题，其中就包含了一个有关自组装的问题：我们能够推动

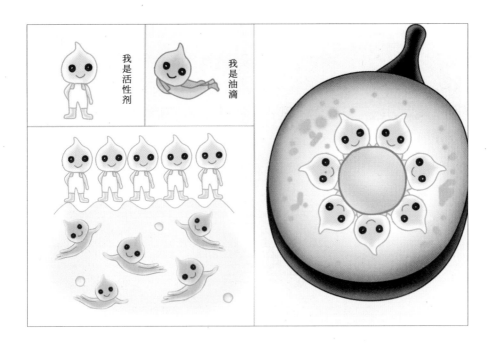

化学自组装走多远（How far can we push chemical self-assembly）？
这足以说明科学界对于自组装这一领域的重视，经过多年的研究，一些或
从生物中借鉴，或源于奇思妙想的自组装结构被人为创造出来。

　　要想了解这种结构，对 DNA 的了解必不可少。DNA 是重要的遗传物
质，全名为脱氧核糖核酸，是一类结构复杂的有机化合物，由一系列小结
构重复排列组合而成。这些更小一些的结构叫核苷酸，在 DNA 中只有四
种特定的核苷酸，分别用 A、T、C、G 四个字母表示。在它们的结构中，
一部分会相互连接组成链状骨架，另外一部分则用于相互识别（A 与 T、C
与 G），最终形成双螺旋的链状结构。DNA 在体内的复制和功能表达等一
系列过程本身就是一个自组装的过程，需要的只是一些能量的消耗。化学
家通过对 DNA 结构的研究，发明了一种所谓的"DNA 折纸术"。他们将
天然的 DNA 单链精心反复折叠并用短链固定，就能够得到一系列形状不
一样的对称 DNA 分子结构。这种结构有望被用在芯片设计上，大大缩小

科普漫画：遗传密码

芯片的尺寸。除了简单的平面图形，化学家还通过设计合成了一系列微米级的三维 DNA 物体，可谓巧夺天工。除了向生物学习自组装的原理，化学家还通过一些巧妙的设计，让分子自发组装成一系列复杂的结构。

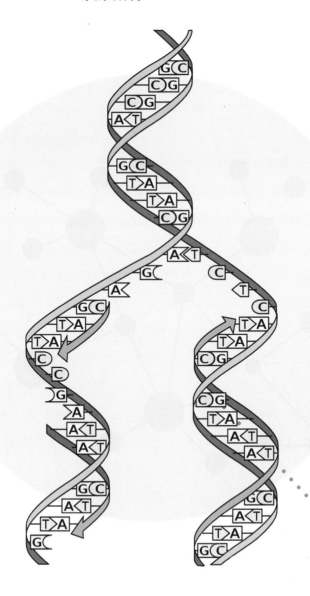

DNA
（图片来源：https://commons.m.wikimedia.org/wiki/File:DNA_replication_split.svg）

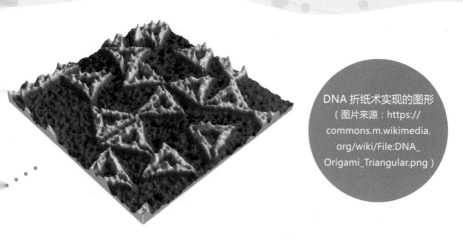

DNA 折纸术实现的图形
（图片来源：https://
commons.m.wikimedia.
org/wiki/File:DNA_
Origami_Triangular.png）

　　蜂巢是大家不难见到的一种自然界的规整结构，它由蜂蜡制作的紧密排列的孔道组成，横截面是一系列紧密排列的等边六角形。数学家曾计算过，构筑出这样的结构需要的材料最少，不得不说是大自然赋予了蜜蜂伟大的制造能力。化学家从蜂巢中学习这样的结构，利用自组装合成了一系列等边六角形结构。例如，在 2013 年，中国科学院上海有机化学研究所的黎占亭教授和赵新教授利用两端开口、空心"鼓"状的葫芦脲分子，将一种枝丫形状的平面分子组合连接在一起，制作而成了一种二维平面"超分

蜂巢结构

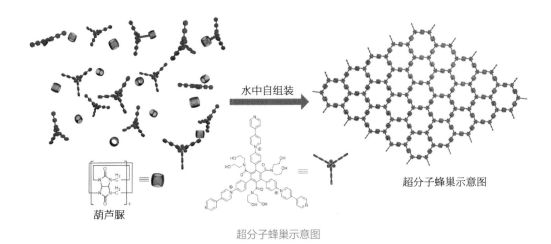

葫芦脲

超分子蜂巢示意图

超分子蜂巢示意图

子蜂巢"结构,在这一结构中,每一个六角形"蜂窝"的直径只有不到 4 纳米(头发丝的直径是 700 纳米左右)。

而说到绳结,相信大家一定不会陌生,从女孩子喜欢用来装饰的蝴蝶结、古代衣物的盘扣,到大家都很喜爱的中国结,绳结文化可以说是贯穿了大家的日常生活。虽然在大家看来绳结非常简单,但想要在分子尺度上打出漂亮的绳结并不容易。与我们常见的绳结类似,分子结是由一些类似绳一样的链状分子构成的,不同的是"打结"这个过程可以通过自组装来完成。化学家借助于巧妙的设计,能够让这些分子自发地挽成不同形状的结。

早在 1983 年,法国的索瓦日(J. Sauvage)教授就已经成功地合成了两个相互嵌套的环状分子,并为它起名为索烃。早期索烃合成的路线基本上是依靠分子无规则的随机运动来碰撞成环,在这样一个难以控制的情况下,合成索烃可以说是十分困难的,早期索烃的产率也非常低。为了解决这个问题,索瓦日教授利用金属离子为模板,通过金属离子和特定结构的相互识别、相互作用,固定好构成环的两条"绳子",再通过化学的手段将"绳子"打结。这样的设计不但大大地提高了索烃的产率，而且能够通过合理的设计，合成有特定结构的分子结。这一工作奠定了分子结发展的基础。在之后的日子里，陆续也有许多不同的分子结被设计合成出来。其中以曼彻斯特大学的利教授（D. A. Leigh）设计合成的分子结 8_{19} 最为复杂。

索烃
（图片来源：https://commons.m.wikimedia.org/wiki/File:Catenane_Crystal_Structure_ChemComm_page634_1991.jpg）

实现了分子"打结"后，化学家一刻不停地对笼结构发起了挑战。经过多年的努力研究，他们设计合成了一系列分子，能够通过自组装形成一系列具有一定空腔的笼状材料，称之为"分子笼"。顾名思义，"分子笼"就是一类像笼的分子。虽然它们很小，一般只有几纳米大小，但类似于我们在日常生活中见到的笼子，它们不但能够装载一些尺寸大小合适的分子，还能够作为化学反应发生的容器。由于具有隔绝外界环境、维持内部空腔里分子稳定性的特点，"分子笼"还被用来包裹一些活性很高的化学物，防止它们的分解。

如果将分子结比喻为在分子层面做手工，那么分子机器想要实现的目标则更有野心。机器，大家不会陌生，生活在 21 世纪，各种各样的机器随处可见。维基百科将机器定义为一件利用能量达到一定目的的工具、装置或设备，一般用来变换或传递能量、物料和信息，执行机械运动。话虽然复杂，但原理很简单。生活中，内燃机、电动机等大家常见的高铁或者汽车的发动机，是将热能或电能转化为动能；晶体管、二极管及一般的芯片等，则是让电能经过一系列的处理从而驱动电子电路系统。而在分子层

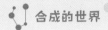

面上，生物早就实现了通过化学能量的转化去实现一些目标，大部分的生命活动，比如吃饱之后肌肉有力量可以奔跑、大脑能够思考等，都是这一过程的成果。我们把实现这一过程的分子或是分子的组合，称为分子机器。从这个角度出发，可以说整个人体就是由无数个不同种类的分子机器构成的。

虽然大自然早已赋予我们分子机器的力量，但是人工实现设计和控制分子机器仍然处于刚刚起步的阶段。简单来说，分子机器可以被当成是分子尺寸水平的机器，是一类具有特定功能的超微型器件。由于其尺寸极小，可以在微观世界里发挥无法比拟的作用。但现阶段的研究仍然是基础研究，有关分子机器的实际应用还没有真正实现。

在这一领域无法忽略的，就是 2016 年诺贝尔化学奖。法国斯特拉斯堡大学的索瓦日教授、美国西北大学的斯托达特（J. Stoddart）教授和荷兰格罗宁根大学的费林加（B. Feringa）教授，因为在分子机器合成设计领域做出的卓越贡献获得了该奖项。我们也将通过介绍这三位教授的主要成果，为大家简单介绍一下他们分别在分子机器领域做出的成果。

在"分子结"的部分，我们已经认识了索瓦日教授，他于 1944 年出生在巴黎，博士期间师从 1987 年诺贝尔化学奖得主莱恩（J. Lehn）教授。作为莱恩教授的首个博士生，在就读博士期间，他参与了导师获得诺贝尔化学奖的工作。

索瓦日在成功合成索烃之后，继续对这一结构做了一系列的研究。他发现，这样的两个环互锁的结构，可以通过电化学调控中间金属模板的性质，让环转起来，一举实现了化学能向动能的转化。

另外，索瓦日教授还设计了一种像两个分子各含有一个长尾巴链和一个大环的结构，它们的环和长尾巴互相串在一起，可以自由伸展和伸缩。这样的结构类似于现实生活中的手镯或项链，它有一个专业的名称即"菊

轮烷的示意图
（图片来源：https://commons.m.wikimedia.org/wiki/File:Rotaxane.png）

链"。同样的，伸展和伸缩这两种不同的状态是可以通过不同的外部条件来刺激并实现相互转化的。因为这样一个来回很像我们肌肉运动的原理，所以大家也将这样的分子机器叫"分子肌肉"。利用同样的原理，菊链结构被用来设计成一些更复杂的分子机器。

斯托达特教授于 1942 年出生在英国爱丁堡，1997 年移居美国。他合成了一种纺锤状的分子机器，被命名为轮烷。这种分子机器含有一个大环分子和一个直线型的分子，在室温条件下，大环可以在直线分子上往复运动，因为这个运动类似于一个往复的梭，所以这个分子机器又被称为"分子梭"。

在这一设计的基础上，斯托达特利用同样的想法设计合成了分子电梯，这样一个电梯可以在不同酸碱条件下让分子在轴上运动将近 0.7 纳米。

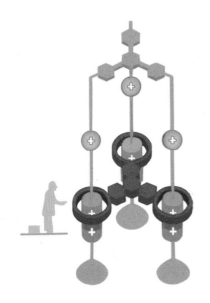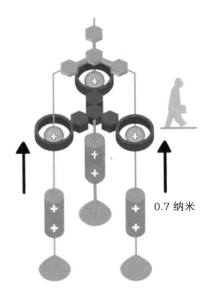

0.7 纳米

分子电梯示意图

费林加教授 1951 年生于荷兰，在格罗宁根大学获得博士学位后，曾在荷兰壳牌石油公司从事研究工作。自 1988 年起，他回到母校担任化学教授。

费林加的主要贡献集中在合成"分子马达"。第一代"分子马达"在 1999 年被合成出来，这个"马达"含有两个相同的"叶片"单元，连接两个叶片的部分只有在光照或加热的条件下才能够旋转，更为重要的是，借助于对"叶片"的巧妙设计，它只能够按照同一方向旋转。

在 2011 年，费林加通过一系列努力将他的"分子马达"放在了一个分子底盘上，并成功让这样一个分子"四驱车"在特定的条件下运动起来。虽然条件较为苛刻，这辆"小车"也只成功地按直线"开"了 7 纳米，但是这 7 纳米，也可能是人类历史的一大步。

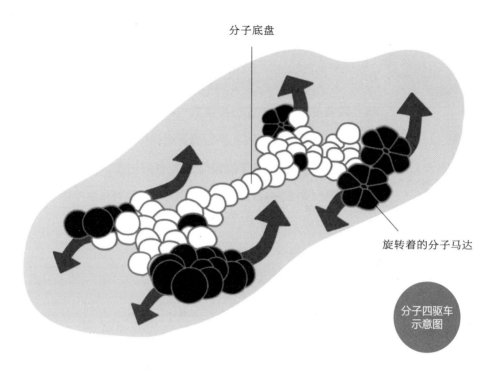

分子底盘

旋转着的分子马达

分子四驱车
示意图

　　今天，分子机器和自组装结构已经取得了很大的发展，但由于这些结构的合成都比较复杂，大多数被设计出来的功能在实现的时候都需要苛刻的条件，所以还没有在生产生活中扮演重要的角色。纵观分子机器和自组装结构的发展，向大自然学习是不可忽视的重要步骤。当然，自然界给我们的启发还远远不止这些，许多奥秘依旧等待我们去探索。

3.2 人工智能与合成化学

大约从20世纪50年代开始的第三次工业革命，带来了计算机、信息和通信技术，这些技术同样也对合成化学的发展起到了积极的促进作用。伴随着合成化学的发展，化合物数量递增速度也随之加快。表1列出了美国化学文摘社收录的自1900年起的化合物数量。

表1　美国化学文摘社收录的化合物数量

年份	化合物总数/万	注　释
1900	55	
1945	110	化合物数量是45年前的2倍
1970	236.7	化合物数量是25年前的2.2倍
1975	414.8	
1980	593	化合物数量是10年前的2.5倍
1985	785	
1990	1057.6	化合物数量是10年前的1.8倍 化合物数量是20年前的4.5倍 化合物数量是90年前的19.2倍
2004	2400	
2005	2595	
2006	2900	
2007	3200	
2008	3600	
2009	4000	
2010	5600	
2011	6422	

年份	化合物总数 / 万	注　释
2012	7000	
2013	7260	
2014	8950	化合物数量是 10 年前的 3.7 倍
2015	10000	化合物数量是 10 年前的 3.9 倍
2016	12050	化合物数量是 10 年前的 4.2 倍
2017	13502	化合物数量是 10 年前的 4.2 倍
2018	14041	化合物数量是 10 年前的 3.9 倍
2019	14900	化合物数量是 10 年前的 3.7 倍

　　表中的数据显示，1945 年的化合物数量是 1900 年的 2 倍，即 45 年时间，化合物的数量才增长了 55 万；1970 年的化合物数量是 1945 年的 2.2 倍，即 25 年时间，化合物的数量增长了 120 多万；1990 年的化合物数量是 1970 年的 4.5 倍，即 20 年时间，化合物的数量增长了 800 多万。进入 21 世纪后，化合物的增长速度又有所加快，2019 年的化合物数量是 2009 年的 3.7 倍，即 10 年时间，化合物的数量增加了 10900 万。可见，合成方法和技术对化合物数量增长的促进作用极为强大。

　　随着健康意识和环境保护意识的不断增强，人们关注的重点已逐步从化合物的合成数量转向合成的高效、精准和环保。要实现高效、精准和环保的合成，需要采用新方法和技术完成合成方案设计和合成实验。一个理想的合成方案应该包含以下主要信息：合成路线、每一步反应的反应条件、操作模式、副产物的回收与处理方案等。

　　科里（E. J. Corey）博士在 1990 年获得诺贝尔化学奖的演讲中提道：今天，在世界各地的许多实验室里，化学家正在以惊人的速度合成复杂的碳原子结构，然而，这些化合物在 20 世纪 50 年代或 60 年代早期是不可

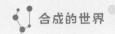

能被有效地合成出来的。取得这一进步是由于采用了新理念、新化学方法设计合成方案。可见，合成方案是实现高效、精准和环保合成的关键，合成方案的设计方法优劣与合成方案的优劣有密切的关系。

自 20 世纪 40 年代第一台计算机出现以来，计算机技术在各个领域逐步得到应用，并体现出它的积极作用。随着计算机科学和技术、信息技术的发展，它们除了在科研、农业、工业、教育、军事等领域得到广泛深入的应用，还普遍应用于我们的日常生活中。

在化学领域，化学家一直期望利用计算机辅助技术来开展化学研究工作：即分子设计、合成设计和结构确定。早在 20 世纪 50 年代初期，美国国家标准化办公室数据处理系统部门就已启动开展计算机存储和处理化学信息的方法研究。20 世纪 60 年代后期，科里和卫普克（W. T. Wipke）博士提出了"反合成分析"概念，并利用计算机辅助技术完成某些类型的反合成分析工作，最终获得目标化合物的一组可能的合成路线。这种方法在很大程度上可以帮助化学家解决某些类型的合成问题。

所谓"反合成分析"即根据目标化合物的化学结构，判断合成该化合物的反应物；再将反应物作为目标产物，判断合成它的反应物；循环这样的过程，直到得到的反应物是已经存在的化合物，最后可以得到一棵反向树。

科里
（图片来源：https://commons.m.wikimedia.org/wiki/File:E. J.Coreyx240.jpg）

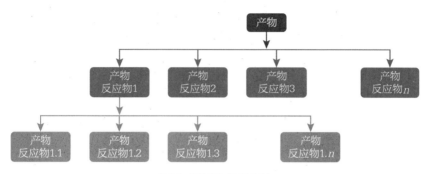

"反合成分析"的反向树

随着计算机科学和技术的发展、合成化学研究以及辅助合成路线设计方法研究的深入，一些实用性强的基于反合成分析结果设计合成路线的软件被开发出来。如 LHASA 系统、WODCA 系统等。

2004 年，中国科学院上海有机化学研究所计算机化学研究团队（郑崇直研究员和袁身刚博士研究团队），历经 8 年的研究和开发，完成了反合成分析系统 CISOC-RetroSyn 的系统研发工作，并获得了中国软件著作权，其核心方法获得中国专利。

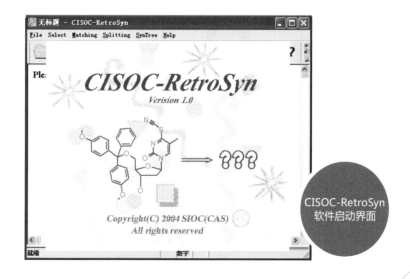

CISOC-RetroSyn 软件启动界面

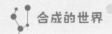

尽管上述三款软件都是采用人机交互模式进行反合成分析，即根据目标化合物推导出它的反应物，并根据推导出的结果输出一组合成方案，但每个系统的推导方法和识别规则不同。其中，LHASA 在系统中设定的反应键识别规则来自化学家的经验；WODCA 系统中设定的反应键识别规则来自化学家的经验和物化参数；CISOC-RetroSyn 系统中的反应键识别规则包含了 100 多万条反应数据的特征分析结果和化学家的经验。我们可以发现，计算机技术、信息技术和人工智能技术在合成方案设计中的应用程度得到了逐步提升。

三种软件的反应键识别规则

随着合成化学的发展，除了化合物数量增长迅速，化学反应数量的增长速度也很可观。美国化学文摘社收集的自 1840 年起报道的反应数据，已达 1.14 亿条。

要完成理想合成方案的设计工作，需要应用更多的新方法和新技术，同时还应注重已有的反应实验数据的管理、分析和应用。因为有效的数据抽象是知识获取的途径之一。

人工智能是计算机科学的一个分支，随着计算机科学和技术的进一步发展，人工智能技术也得到进一步提升。目前，人工智能的机器学习方法，在基于数据的知识发现领域已得到标志性的成果，如阿尔法围棋（AlphaGo）的出现，让人们认识到，只要算法合理，基础数据足够丰满，那么，机器具备高级的专业能力已成为可能。

在化学合成方案设计智能化方面，相关的研究还在路上，虽然已有用神经网络算法和符号 AI 发现目标化合物的反合成路线的相关成果，但还只是阶段性的，还未达到阿尔法围棋下围棋的性能。这可能与以下因素有关：①合成方案设计涉及的因素和复杂度远远高于下围棋。②很多成熟的算法还不能直接用于化学反应数据分析，但可以用于围棋的棋谱信息分析。

20 世纪 70 年代之前，合成化学的工作模式是"灵感 + 经验 + 实验"。随着计算机技术和人工智能技术的不断发展，合成化学的工作模式已从"灵感 + 经验 + 实验"转换成"灵感 + 经验 + 智能技术 + 实验"。

合理的合成方案智能化设计工具，不仅可提高合成方案设计效率，还将有助于减轻复杂方案设计者的工作强度，减少简单方案设计的工作人员，减少不必要的化学实验、化学试剂的使用量、废气溶剂无害化处理的工作量。

传统合成化学工作模式

现在合成化学工作模式

合成化学工作模式的转换

　　我们可以设想，鉴于人工智能、自动控制和信息技术在合成化学领域得到充分的应用，未来的合成化学研究的工作模式将显著优化，人们对化学的恐惧将会因人工智能技术的合理应用而"消失"，因为人工智能技术的应用，将使精准、环保和高效的合成得以实现，物质更丰富，环境危害更小，人类社会将因此变得更美好。

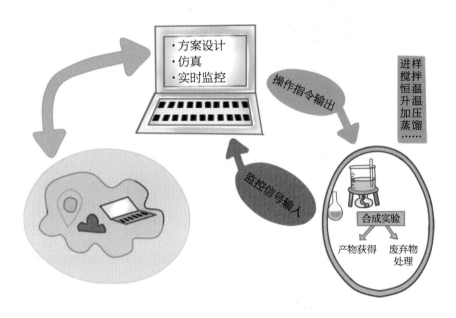

未来的合成化学工作模式

CHAPTER 4

第 4 章　探索与发现

　　在这一部分里，读者将会变身为化学家，通过一个个化学实验，感受化学带来的魅力。化学是一门以实验为基础的科学，任何的结论都能经得起千万次实验的推敲。而化学实验本身在有一定趣味性的同时，还有一定的危险性。在做实验之前要做好预习功课，对实验步骤有一个了解，并在教师或家长的指导下完成实验。做实验切记不能心猿意马，要小心谨慎，并仔细观察实验现象，写好实验记录。很多科学家就是因为忽略了一个小现象而与诺贝尔奖失之交臂。现在，就让我们一起来试试这些实验吧！

4.1 酸与碱的对话

酸与碱，相信大家并不陌生。酸与碱是一类物质的统称，其中包含很多物质，而相同类别的物质往往具有相同的性质。酸性物质和碱性物质在我们的生活中处处可见。

日常生活中的酸与碱

pH 试纸

酸——看到这里你是不是情不自禁地咽了一下口水？望梅止渴，想到酸的东西会加速唾液的分泌，而除了梅子，生活中酸性的物质还有很多，比如醋就是酸性的。但是你能想到生活中的碱性物质吗？这个恐怕会令你一时语塞。其实很多厨卫用品都是碱性的，比如洗衣粉、洗涤灵等除油污的用品。

那到底什么是酸性物质、什么是碱性物质呢？如何判断一种物质的水溶液的酸碱性呢？这里要向大家介绍一个"神器"——pH 试纸。

pH 试纸本身是黄色的，它是由多种物质（酸碱指示剂）混合制成的，当它接触到待测液体时，颜色会发生变化。我们选用玻璃棒蘸取少量待测液，涂抹于 pH 试纸上，待颜色变化稳定后与标准比色

卡进行颜色比对，读出相应的示数，即为该待测液的 pH 酸碱度。若 pH 酸碱度大于 7，则为碱性物质；若 pH 酸碱度小于 7，则为酸性物质；若 pH 酸碱度等于 7，则为中性物质。

刚刚提到了酸碱指示剂，什么是酸碱指示剂呢？它可以在不同 pH 酸碱度溶液中显示不同的颜色，可以作为向导，向我们指示待测液的酸碱性。对于化学家来说，在没有 pH 试纸的情况下，他们可以用很多物质作为酸碱指示剂来检测物

中性——紫色　　碱性——蓝色　　酸性——红色

用石蕊试剂检测酸碱性

中性、酸性——无色　　弱碱性——粉色　　强碱性——紫红色

用酚酞试剂检测酸碱性

质的酸碱性，比如石蕊试剂、酚酞试剂。

现在，我们学会了如何鉴别酸性物质和碱性物质，接下来让我们一起来看看酸性物质有什么共同的特点吧！

注意！

本书中的实验一定要在教师或家长的指导下完成，切勿擅自操作。做实验要做好防护措施，穿实验服，佩戴防护眼镜，做好预习功课。化学实验均有一定的危险性，要做到小心谨慎，敬畏实验。

1. 酸可以释放气体

材料： 铁粉、苏打、鸡蛋壳、胶头滴管、试管 3 支、稀盐酸。

步骤：

向 3 支试管中分别加入铁粉、苏打和鸡蛋壳碎屑，然后用胶头滴管分别滴入稀盐酸 1 摩 / 升（1M）5 滴，观察试管中的现象。

铁与稀盐酸反应释放出氢气：

$$Fe+2HCl === FeCl_2+H_2$$

苏打的成分为碳酸钠，与稀盐酸反应释放出二氧化碳：

$$2HCl+Na_2CO_3 === 2NaCl+H_2O+CO_2$$

鸡蛋壳的主要成分为碳酸钙，与稀盐酸反应也释放出二氧化碳：

$$CaCO_3+2HCl === CaCl_2+CO_2+H_2O$$

2. 碱可以产生沉淀

材料： 硫酸铜溶液、氯化镁溶液、氯化铁溶液、胶头滴管、试管 3 支、氢氧化钠溶液。

步骤：

向 3 支试管中分别加入硫酸铜、氯化镁和氯化铁溶液，记录现象，然后用胶头滴管分别滴入氢氧化钠溶液（1M）5 滴，观察试管中的现象。

硫酸铜溶液与氢氧化钠反应生成蓝色沉淀氢氧化铜：

$$2NaOH+CuSO_4 \rule[0.5ex]{1.5em}{0.4pt} Cu（OH）_2 \downarrow +Na_2SO_4$$

氯化镁溶液与氢氧化钠反应生成白色沉淀氢氧化镁：

$$MgCl_2+2NaOH \rule[0.5ex]{1.5em}{0.4pt} 2NaCl+Mg（OH）_2 \downarrow$$

氯化镁溶液与氢氧化钠反应生成棕色沉淀氢氧化铁：

$$3NaOH+FeCl_3 \rule[0.5ex]{1.5em}{0.4pt} Fe（OH）_3 \downarrow +3NaCl$$

现在你是不是已经了解了酸的特性和碱的特性？那么现在可以去厨房完成一个自制酸碱指示剂的小实验了！

自制酸碱指示剂

材料： 紫甘蓝 1 颗、榨汁机或研钵、纯净水、白瓷杯 3 个、白醋、小苏打。

步骤：

1）将紫甘蓝的叶子撕碎，加水用榨汁机榨成汁或用研钵研磨出紫甘蓝汁。

2）将紫色澄清汁液倒出备用，该汁液可作为酸碱指示剂。

3）向 3 个白瓷杯中分别倒入少量紫色汁液，再分别滴入几滴白醋、纯净水和饱和小苏打水溶液，与紫甘蓝汁进行颜色对比，观察现象并记录颜色变化规律：

紫色汁液在中性时为_____色，在酸性时为_____色，在碱性时为_____色。

4.2 化学"魔法棒"

想必你一定听过魔法少年哈利·波特的故事吧！哈利·波特在霍格沃兹魔法学领到了一根魔法棒，它能变换万物，令人拍案叫绝。实际上，这种魔法棒是不存在的，只是作者罗琳的奇思妙想。

其实，化学家也有自己的"魔法棒"，用这些"魔法棒"，化学家可以变各种"魔术"，震撼你的眼球。接下来就是大家化身小小化学家的时候啦！快快穿好实验服，戴好护目镜，一起"变魔术"吧！

彩色粉笔

材料： 粉笔、培养皿、黑色水彩笔、纯净水。

步骤：

1）在距离粉笔底部 1.5 厘米处用黑色水彩笔画一个圈。

2）将粉笔底部插入装有水的培养皿中，水不要没过圈圈。

3）仔细观察粉笔的颜色变化。

　　做到这里你一定已经看到了，本来是黑色的圈圈，经过了水的浸润，变成了红色、蓝色，还有一点点黄色。其实粉笔就是这个实验的"魔法棒"！它使黑色分离成红、黄、蓝三种颜色。红、黄、蓝三种颜色又被称为三原色，是画家的调色盘中必不可少的颜色，千万种颜色都从这三种颜色而来，比如红色加黄色等于橙色、红色加蓝色等于紫色、黄色加蓝色等于绿色等。

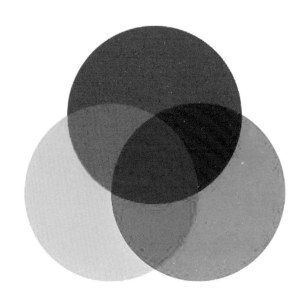

三原色

（图片来源：https://commons.m.wikimedia.org/wiki/
File:RYB.png#mw-jump-to-license）

　　而粉笔的作用相当于一个分离装置，将混合了三种颜色的墨水以肉眼可见的方式逐一分离开来。粉笔是一种最常见的柱色谱，可以利用不同色素分子与粉笔的相互作用，将不同色素分子分离开来。水分子在沿着粉笔向上运动的同时，会带着水溶性的色素分子一起向上运动，但是色素分子与粉笔之间也有相互作用力，它们也不愿意离开原来待的地方，因此在向上推和向下拉两种作用力下，它们开始了"艰难的抉择"——到底是去还是留？倘若蓝色的色素分子与粉笔的作用力比较强，那么它就不愿意随着

水分子的运动而向上走，更愿意留在原处，因此它的运动速度就会比较慢；反之则运动得比较快，色素分子就会在粉笔的上部。利用不同色素与粉笔的相互作用就可以把它们很好地分开了！

滴水成冰

材料：无水醋酸钠固体、水、250 毫升烧杯、玻璃棒、水浴加热装置、大培养皿。

步骤：

1）在一个烧杯中装入 100 毫升水，放到水浴加热装置上加热至 100℃。

2）向烧杯中加入无水醋酸钠固体，不停搅拌至溶解。要注意做好防护，避免烫伤！

3）继续有耐心地边加边搅拌，直到刚好不再溶解为止，该状态的溶液即为热饱和溶液。

4）将澄清透明的热饱和溶液静置冷却至常温，溶液依然澄清透明，该状态的溶液称为过饱和溶液。

5）在一个空的大培养皿上面放置少量无水醋酸钠固体，然后将烧杯中的液体缓慢倒在固体颗粒上面，观察现象。

想必大家一定都惊呆了！液体竟然奇迹般地变为了固体，真的做到了滴水成冰。不妨试试，用玻璃棒蘸取少量固体后插入上述过饱和溶液中，观察点水成冰的现象，效果更震撼！这个时候玻璃棒就是我们的"魔法棒"啦！

为什么会有这种现象呢？首先来思考一个问题：如果向一大桶水中加入一点盐，它会溶解吗？答案是：会。那么继续源源不断地加，盐会一直溶解吗？答案是：不会。为什么呢？因为任何物质在一定温度和一定体积的水中的溶解都是有一个极限的，我们称之为溶解度。比如在 20℃的时候，100 克水里最多溶解 36 克食盐，食盐在 20℃的溶解度就是 36 克，也可以写成 36 克 /100 克水。那么此时我们就叫该液体为饱和食盐水，达到了饱和状态。这就好比人吃饭一样，一开始肚子里面很饿便开始狼吞虎咽，但是总有吃饱的时候，当有了饱腹感人就不会再吃了。

一种物质的溶解度的大小跟什么有关呢？温度！在不同温度下，同种物质的溶解度是不同的。在这个实验中，醋酸钠的溶解度随着温度升高而变大。在 20℃时，100 克水可以溶解 124 克醋酸钠；在 100℃时，100 克水可以溶解 170 克醋酸钠。在 100℃时达到饱和状态的醋酸钠溶液，待冷却到室温以后，溶解度下降，这就好比刚在自助餐厅吃撑的人，稍微给一点刺激就会吐出来，该状态即为过饱和状态。因此，只要该溶液遇到一个"刺激"——结晶核就会迅速析出固体，在这个实验中，培养皿里的醋酸钠固体就是结晶核，滴水成冰就做出来了！

拓展

请自行查阅，什么是过冷现象、过热现象，尝试可以用不同的方法来展现滴水成冰的"魔法"。

4.3 化学果蔬营

看到这个题目，你是不是流口水了？内心是不是已经开始期待下一顿饭菜了？那你能说出你喜欢吃什么食物吗？想必这个问题并不难，鸡鸭鱼肉、水果蔬菜、生猛海鲜。但是你能同时说出它们富含哪种营养物质吗？接下来我们就一起聊聊"民以食为天"的话题。

我们每个人都要吃饭，靠吃饭来补充能量。俗话说"一天不吃饿得慌"，人没有了能量来源，便没有了体力，所以要补充营养，维持人体的生理活动。你知道人体必需的六大营养素都有哪些吗？

除此之外，膳食纤维被称为"第七大营养素"，虽然它不能被人体消化吸收，但是促进肠道蠕动、促进排便等作用显著，可增强消化系统功能，达到"吃嘛嘛香，身体倍儿棒"的目的。

糖类——人体主要的能源物质

维生素——维持正常的生理功能而必须从食物中获得的微量有机物

蛋白质——组成人体一切细胞、组织的重要成分

脂质——供给机体能量、提供机体所需的必需脂肪酸，是人体细胞组织的组成成分

无机盐——又称矿物质，是人体内需要的无机物的总称

水——各项生理活动的溶剂

　　讲了这么多营养素，你不禁会问一个问题，食物当中的这些营养素，看不见摸不着，我怎么知道它的存在呢？如何鉴别各种营养物质呢？接下来就是成为小小化学家的时刻了！

鉴别糖类

材料： 斐林试剂（氢氧化钠的含量为 0.1 克 / 毫升的溶液和硫酸铜的含量为 0.05 克 / 毫升的溶液）、梨、榨汁机、试管 2 支、酒精灯、试管夹、胶头滴管。

步骤：

1）将梨榨成梨汁备用。

2）取 2 支试管，向一支中加入几滴梨汁，向另一支中加入几滴纯净水作为对照。

3）向 2 支试管中分别滴入 1 毫升硫酸铜溶液，再分别滴入几滴氢氧化钠溶液，观察现象。

4）用试管夹夹住试管，放在酒精灯上加热，对比 2 支试管，观察现象。

装有梨汁的试管由蓝色变成了红棕色！是不是很神奇？看到了这个红棕色，就证明待测液当中是含有还原性糖类的，比如果糖和葡萄糖等。在这个实验中我们用到了斐林试剂，而这个试剂就是专门用来鉴别还原性糖类的。还原性糖类可以与二价铜离子反应产生一价的铜（氧化亚铜 Cu_2O），生成砖红色沉淀。

鉴别蛋白质

分离蛋清

材料： 双缩脲试剂（氢氧化钠的含量为 0.1 克／毫升的溶液和硫酸铜的含量为 0.1 克／毫升的溶液）、鸡蛋、试管 2 支、胶头滴管、烧杯。

步骤：

1）将蛋清从鸡蛋中分离至烧杯中，加入 30 毫升水备用。

2）取 2 支试管，向一支中加入几滴蛋清上清液，向另一支中加入几滴纯净水作为对照。

3）向 2 支试管中分别滴入 1 毫升硫酸铜溶液，再分别滴入几滴氢氧化钠溶液，观察现象。

振荡试管以后发现，装有蛋清的试管变为紫色，这个紫色是蛋白质当中标志性结构肽键与铜离子的相互作用产生的颜色。双缩脲试剂是专门用来检测蛋白质的，不难发现，其实斐林试剂与双缩脲试剂的成分大致相同，只是浓度有微小的改变。

鉴别淀粉

材料： 碘酒、馒头、试管 2 支、胶头滴管、烧杯。

步骤：

1）将馒头撕成碎屑至烧杯中，加入 10 毫升水充分搅拌备用。

2）取 2 支试管，向一支中加入 1 毫升馒头浸泡液，向另一支中加入几滴纯净水作为对照。

3）向 2 支试管中分别滴入 2 滴碘酒，观察现象。

振荡试管以后发现，装有馒头浸泡液的试管加入碘酒后明显变蓝，而碘酒就是鉴别淀粉的有效试剂，碘分子可以与淀粉结合生成蓝色物质。加入碘酒的溶液变蓝，那么溶液中很可能存在淀粉。

鉴别维生素 C

材料： 上述已变蓝的试管、橙子、榨汁机、胶头滴管、烧杯。

步骤：

1）将橙子榨汁，将橙汁转移至烧杯中备用。

2）取 2 支上述加碘酒已变蓝的试管，向一支中逐滴加入橙汁，向另一支中逐滴加入纯净水作对照，观察现象。

滴橙汁的试管中的蓝色逐渐褪色，而滴水的试管中的蓝色褪色没有那么明显。这是为什么呢？因为橙汁中富含维生素 C，维生素 C 有很强的还原性，可以将碘分子还原为碘离子，而碘离子并不能和淀粉作用生成蓝色，因此蓝色会迅速褪去。

4.4 水中奇观

　　水，是组成这个地球必不可少的成分之一。在江河、湖泊以及海洋中都有大量的水，并且在水中孕育了无数的物种。在这一节中，就让我们来看看化学家是怎样在水中营造奇妙景观的吧！

水中火山

材料： 1 升大烧杯、10 毫升小玻璃瓶、镊子、冷水、沸水、墨汁。

步骤：

1）在大烧杯中装 800 毫升冷水备用。

2）在玻璃瓶中加入 9 毫升沸水备用。

3）在玻璃瓶中加入墨汁 2 滴，玻璃瓶迅速变黑。

4）用镊子将玻璃瓶浸入大烧杯杯底，待玻璃瓶站立平稳，松开镊子，观察现象。

　　我们不难发现，小瓶中的黑色墨汁源源不断地喷涌而出，过了一段时间大烧杯的上半部分变黑而下半部分为近乎无色。为什么会发生这种现象呢？

　　也许你会脱口而出："密度不同。"对了！冷水的密度要大于热水的密度。那什么是密度呢？密度是对一定体积内的质量的度量，密度等于物体的质量除以体积。模糊来说就是"重"和"轻"的概念，冷水更重一些，热水相对于冷水更轻一些，因此玻璃瓶中的热水便会上浮，带动黑色墨汁喷涌而出向上运动。

难道这种解释一定就是合理的吗？就没有另一个合理的解释吗？科学就是这样，答案也许不止一种，需要我们动脑思考而不是人云亦云。有没有可能是单纯因为小瓶没有盖瓶盖，墨汁自然地流出呢？为了探究实验原理，我们需要做一组对照实验。

向另一个装有冷水的玻璃瓶中滴入2滴墨汁，然后将玻璃瓶用镊子放入大烧杯内，观察墨汁是否会喷涌而出。记录好现象，仔细分析，你便会得出这个实验的答案。

这就是科学：提出你的假设，通过实验，支持或推翻你的假设。科学在这种不断支持和推翻中前进，真理也在这个过程中逐渐地"浮出水面"。

铁树生花

材料： 烧杯、浓硫酸铜溶液、铁丝。

步骤：

1）在烧杯中加入浓度较大的硫酸铜溶液备用。

2）在烧杯中插入一段表面光滑的铁丝。

3）静止若干小时，用相机记录下每隔一刻钟铁丝的变化。

几小时后，铁丝表面会有一层不均匀的红色或红棕色物质，而溶液的蓝色也逐渐变浅甚至变为浅绿色，整个铁丝的感觉就像铁上"开了铜花"一样。

这是因为铁单质会与硫酸铜溶液发生化学反应，将溶液中的金属铜置换出来。被置换出来的金属铜便会不均匀地附着在铁丝表面，就形成了"铁树开花"的现象。硫酸铜溶液在充分被置换后，就变成了主要成分为硫酸亚铁的水溶液，因此溶液会变为浅绿色，古代的"湿法炼铜"便是这个原理。化学方程式为：

$$Fe+CuSO_4 =\!=\!= FeSO_4+Cu$$

碘钟反应

材料： 30% 过氧化氢溶液、丙二酸、硫酸锰、可溶性淀粉、碘酸钾、浓度为 1 摩尔 / 升的硫酸、250 毫升容量瓶。

步骤：

1）配制甲溶液：量取 97 毫升 30% 的过氧化氢溶液，稀释至 250 毫升备用。

2）配制乙溶液：分别称取 3.9 克丙二酸和 0.76 克硫酸锰，分别溶于适量水中。另称取 0.075 克可溶性淀粉，溶于 50 毫升左右沸水中。把三者转移入 250 毫升容量瓶里，稀释到刻度。

3）配制丙溶液：称取 10.75 克碘酸钾溶于适量热水中，再加入 40 毫升浓度为 1 摩尔 / 升的硫酸溶液酸化。转移入 250 毫升容量瓶里，稀释到刻度。

4）将甲、乙、丙三组溶液以等体积混合在锥形瓶中，观察现象。

混合后，反应液由无色变为蓝紫色，几秒后褪为无色，接着又从琥珀色逐渐加深，蓝紫色又反复出现，几秒后又消失，这样周而复始地呈周期性变化。这种振荡反应又叫碘钟反应，振荡周期约为 8 秒，反复振荡能持续几分钟。最终，溶液会变为棕黄色而不再往复。

为什么颜色会逐渐交替呢？反应的原理比较复杂。变蓝色是因为过氧化氢被碘化钾氧化，碘酸钾变成了碘分子，而碘分子会与加进的淀粉结合形成颜色很明显的蓝紫色。形成的单质碘很快又被氧化形成碘酸钾，就不能继续与淀粉结合而显示蓝紫色了。

参考文献

[1] 刘化章. 合成氨工业：过去、现在和未来 [J]. 化工进展，2013，32（9）：1995-2005.

[2] 王文善. 氮肥工艺技术百年来的演变和发展简史 [J]. 中氮肥，2017（5）：1-5.

[3] 蔡荣. 塑料"七兄弟"它们都是谁 [J]. 质量与标准化，2018（5）：26-27.

[4] 储皓. 谈谈导电聚合物 [J]. 科学教育，2001，7（4）：33.

[5] 邢军，艾合买提江，张瑞，等. 生物技术在食品工业中的应用现状与发展 [C]// 周光召. 全面建设小康社会：中国科技工作者的历史责任：中国科协 2003 年学术年会论文集（上）. 北京：中国科学技术出版社，2003.

[6] 任万杰. 乡下佬自制的显微镜 [J]. 职业，2016（25）：19.

[7] 罗玉功. 揭示微生物世界的秘密：巴斯德对人类的巨大贡献 [J]. 北方蚕业，2018，39（2）：59-60.

[8] 郭旭. 中国近代酒业发展与社会文化变迁研究 [D]. 无锡：江南大学，2015.

[9] 朱广鑫，周红杰，赵明. 普洱茶发酵技术研究进展 [J]. 江西农业学报，2011，23（5）：76-81.

[10] 叶蕴华. 我国成功合成结晶牛胰岛素的启示和收获 [J]. 生命科学, 2015, 27（6）: 648-655.

[11] 徐光宪. 化学的定义、地位、作用和任务 [J]. 化学通报, 1997(7): 54-57.

[12] 中国科学院上海有机化学研究所. 化学反应的分类和知识层次模型的建立及可视化方法: 03141642.X[P]. 2004-07-21.

[13] 韦友秀, 陈牧, 刘伟明, 等. 电致变色技术研究进展和应用 [J]. 航空材料学报, 2016, 36（3）: 108-123.

[14] KING S M, PETERSENIB N, DYBKJAER. Comprehensive description on Topsoe synthetic ammonia technology[J]. Chemical fertilizer design, 2014, 52（3）: 5-7.

[15] VERT M, DOI Y, HELLWICH K H, et al. Terminology for biorelated polymers and applications（IUPAC Recommendations 2012）[J]. Pure and applied chemistry, 2012, 84: 377-410.

[16] BIJKER W E. The fourth kingdom: the social construction of bakelite[M]. Cambridge, Mass.: MIT Press, 1997: 101-198.

[17] SEYMOUR F B. Pioneers in polymer science[M]. Berlin: Springer Science and Business Media, 2012: 210.

[18] GONG X, TONG M H, XIA Y, et al. High-detectivity polymer photodetectors with spectral response from 300 nm to 1450 nm[J]. Science, 2009, 325（5948）: 1665-1667.

[19] GUO B, SHENG Z H, HU D H, et al. Molecular engineering of conjugated polymers for biocompatible organic nanoparticles with highly efficient photoacoustic and photothermal performance in cancer theranostics[J]. ACS Nano, 2017, 11: 10124.

[20] MORTIMER R J. Electrochromic materials[J]. Chemical society reviews, 1997, 26: 147.

[21] BEAUJUGE P M, REYNOLDS J R. Color control in π-conjugated organic polymers for use in electrochromic devices[J]. Chemical reviews, 2010, 110 (1): 268-320.

[22] BAKER C O, HUANG X W, NELSON W, et al. Polyaniline nanofibers: broadening applications for conducting polymers[J]. Chemical society reviews, 2017, 46 (5): 1510.

[23] BRANDT J R, SALERNO F, FUCHTER M J. The added value of small-molecule chirality in technological applications[J]. Nature reviews chemistry, 2017, 1 (6): 45.

[24] MAEDA K, HIROAKI M, KEIKO O, et al. Stimuli-responsive helical poly (phenylacetylene)s bearing cyclodextrin pendants that exhibit enantioselective gelation in response to chirality of a chiral amine and hierarchical super-structured helix formation[J]. Macromolecules, 2011, 44 (9): 3217.

[25] American Chemical Society. CAS: a division of the American Chemical Society[EB/OL]. [2021-06-11]. http://www.cas.org.

[26] COREY E J. The logic of chemical synthesis: multistep synthesis of complex carbogenic molecules (Nobel lecture)[J]. Angewandte chemie. 1991, 30: 455-465.

[27] RAY L C, KIRSCH R A. Finding chemical records by digital computers[J]. Science, 1957, 126 (3278): 814-819.

[28] COREY E J, WIPKE W T. Computer-assisted design of

complex organic syntheses[J]. Science, 1969, 166 (3902): 178–192.

[29] PENSAK D A, COREY E J. LHASA–logic and heuristics applied to synthetic analysis[J]. ACS Symposium Series, 1977, 61: 1–32.

[30] FICK R, GASTEIGER J. Synthesis planning in the 90's: the WODCA system[J]. AIP conference proceedings, 1995, 330 (1): 526.

[31] SEGLER M H S, PREUSS M, WALLER M P. Planning chemical syntheses with deep neural networks and symbolic AI[J]. Nature, 2018, 555: 604–610.